U0454955

裳——

著

愿所有美好，与你温柔相拥

May

all the beauty

in the world

belong to you

深圳出版社

图书在版编目（CIP）数据

愿所有美好，与你温柔相拥 / 纪云裳著. -- 深圳：
深圳出版社, 2024.6
ISBN 978-7-5507-3996-3

Ⅰ.①愿… Ⅱ.①纪… Ⅲ.①人生哲学—通俗读物
Ⅳ.①B821-49

中国国家版本馆CIP数据核字(2024)第051512号

愿所有美好，与你温柔相拥

YUAN SUOYOU MEIHAO，YU NI WENROU XIANGYONG

出 品 人	聂雄前	
责任编辑	何 滢	
责任校对	彭 佳	
责任技编	梁立新	
装帧设计	长虎·设计 QQ:931640398	CHANGHU Designstudio

出版发行　深圳出版社
地　　址　深圳市彩田南路海天综合大厦（518033）
网　　址　www.htph.com.cn
订购电话　0755-83460239（邮购、团购）
印　　刷　深圳市汇亿丰印刷科技有限公司
开　　本　889mm×1194mm　1/32
印　　张　9
字　　数　165千
版　　次　2024年6月第1版
印　　次　2024年6月第1次
定　　价　49.80元

序

曾有一位读者给我写过一封很长的信，讲述她寄人篱下的童年，无枝可依的青春，以及现在生活中的迷茫与苦痛。

是时，我的窗外春日迟迟，草长莺飞，而她的城市，依然千山暮雪，呵气成冰——她觉得自己的人生，像极了生活多年的北方小城。

在信的最后，她写道："我是那样渴望美好，但我却不知道要怎样才能走出现实的困境。请问你在孤独和心碎的时候，会做些什么？"

我没有立刻回答。

在温软春阳的气息里拆开她的信，仿佛时间倒流，重游旧梦，我看到的是一个迷途的姑娘站在森林里，苦苦等待着一艘船。

　　我想起的是 2015 年，悉尼歌剧院借助 3D 全息投影技术，邀请了科学家霍金前来演讲——当时正逢歌手泽恩·马利克退出单向乐队，于是观众席里便有歌迷向霍金求助："请问要如何让全球数以百万计的女孩们免于心碎呢？"

　　霍金说："我建议每个心碎的年轻女孩密切关注理论物理学的研究，因为有朝一日可能会有证据表明多个宇宙存在……在那个宇宙，泽恩还在单向乐队。"

　　数年过去，被病痛禁锢半生的霍金已化作天上的星辰，在宇宙之中重获美好与自由，但世间各种各样的心碎的声音，依然如新生的雨水，随风入夜，滴落大地。

　　如果说伟大的霍金给那位追星女孩的建议是让她去认识乾坤之大，那么平凡如我，又能给我年轻的读者什么样的建议和参考？

　　作为一个被生活狠狠捶打过的人，一个幽闭青春的亲历者——我或许只能告诉她：当你感到迷茫和痛苦的时候，请你去仰望星空，去照顾一盆植物，去养一只猫，去交一个新朋友，去吃一顿火锅，去读一本书，去看一场电影……

　　我自认为的人生中的第一个痛苦的时刻，是很多年前漂泊异乡，被老板劈头盖脸挖苦之后，一个人站在天桥上掉眼泪，只想一跃而下。

　　日子固然举步维艰，但真正要将我击倒的，还是情感的孤立无援。

我没有想到，彼时生活的转折点，竟是来自一只被人遗弃的小猫。

因为我成了一个被需要者，我的世界里开始有了情感的对流，孤苦便不再停滞。

譬如周末去书店，我的帆布袋里装着打折的面包，也装着一只小小的猫。

我在书里寻找灵魂的温暖和慰藉，想起面包店的阿姨，会觉得她笑起来有一张像极了妈妈的脸。

至今还能想起那样的瞬间——我抱着帆布袋盘坐在窗边翻动书页，小猫的脑袋从我的长发里探出来，就像小鱼在夜色中探出水面。窗外是金色的阳光，正透过玻璃照在它毛茸茸的身体上，照在它柔软的肉嘟嘟的小爪子上，它闭上眼睛，发出"咕噜咕噜"的声音……手指循着那声音而去，犹如触到一枚热乎乎的溏心蛋，心头不禁暖意一漾，只觉得用一周的辛苦来换眼前的一刻，也是万分值得。

而活着，也慢慢成了一种神圣的职责。

也记得曾经窘迫的时候，有朋自远方来，需要借用女儿的存钱罐去付车费，下车的时候，在司机异样的眼神下一枚一枚地数硬币，内心泛出难以言说的酸楚。

但依然有人肯为我跋山涉水而来啊——鼓鼓的提包里塞

着她为我亲手织成的过冬毛衣。

　　夏日炎炎，我们蹲在街边吃酸辣粉，心里却是山长水阔，清风朗月，毕竟拥有过这样的感情，一辈子再平凡，都不算苟活。

　　还记得有一次在出差途中，夜航南飞，遭遇强气流，机身突然失重下坠，继而灯光熄灭，整个机舱产生剧烈的抖动。乘客们都吓得尖叫起来，我闭上眼睛，也感觉生死仅在一线之隔。

　　好在气流过后，一切恢复正常。

　　路过某座陌生的城市时，透过舷窗看到地面上的万家灯火，平静得犹如深海上的粼粼波光，美丽极了，有一种溯源时间的浪漫。

　　走出机舱的时候，收到合作方的信息：项目通过。

　　那一刻，风吹过来，世界多么美好。

　　你是宇宙的孩子，身份不次于树木和星星；
身处这里是你的权利。
　　不管你是否明白它的奥秘，
　　毫无疑问宇宙在按其规律展现自己。
　　因此，不管在你心中宇宙是什么模样，和它和睦相处吧。

　　　　　　　　　　　　——马克斯·埃尔曼《心之所需》

世界依然是美丽的，风雨过后，又是漫天星光。

而几天前，我还在为一个梦的破碎，躲进朋友的怀抱大哭，不知数年努力，是否皆付东流。

或许就是在那样的时刻，与生死擦身，再想起生命中的酸甜苦辣咸，爱恨贪嗔痴，突然就释然了，与自己和解了，内心里的坚冰终于可以一点一点化开，从此，无论生活的形状几何，无论梦想破碎过多少次，都可以不动声色地接纳，而不必磨损自身，不必被其中的泥沙硌得生疼。

村上春树的书里说：一个人如果决定平庸，就犹如白衬衫上留下了污痕，一旦染上，便永远洗不掉，无可挽回。

我想，一个人如果真正地被人珍爱过，被美好照耀过，余生便再也不会随随便便浪费。

很多年前，我曾许下生日心愿，希望自己可以成为一个美人——在那样的青葱年纪里，多容易被外在的事物蒙蔽双眼。

直到越过波澜壮阔的时间，才知道成为一个美好的人，以美好的姿态度过一生，远比成为一个美人要珍贵得多。

就像每一次让我走出深渊，免于心碎的，并非什么大道理，而是生活中不期而遇的美好，以及温柔的人与事。

而美好，是岁月给生命的最大的恩惠，是我们生而为人的至高荣誉，也是一个动词，陪我们穿越风雨，抵达清澈、明朗、温和的精神世界。

一切往事，皆为序曲。

一切所遇，皆是前尘。

一个人只有与痛苦有过深刻的联结，才能真正地洞悉内心与生活；才能向着明亮那方奔跑，一直奔跑，不自怜、不自弃，直到成为自己的太阳与彼岸。

我敬佩的，从来不是天选之子的成功，而是身处苦难，依然生机勃勃的力量。

所谓的少年感其实是永不服输的精神，是跌倒了还可以擦干眼泪重新奔跑的勇气，是被生活狠狠捶打过之后，还能将自己从泥淖里拔出来，为自由而奋斗的倔强。

是我们将时间的泥沙化为珍珠，以美好，以温柔，度过漫漫余生的能力。

"愿所有美好，与你温柔相拥。"

上一次过生日的时候，面对跳跃的烛光与温暖的脸，我选择用这句话来祝福自己。

同时是一句誓言。

以虔诚之意，以温柔之心，为此后的每一天起誓。

拥抱所爱之人，之物，之余生。

目录

Contents

▶▷ 愿你历经沧桑
依然美好如初

▶ ▷ 人生的美好
靠自己成全

▶▷ 愿所有美好
　　与你温柔相拥

▶▷　爱自己
是终身美好的开始

▶▷ 生活有多美好
取决于你有多热爱

▶▷ 往后余生
美好前行

愿你历经沧桑

依然美好如初

○

○

●

我们深一脚浅一脚地踩在田畦上，

耳边蛙鸣聒噪，头顶星辰弥漫，

心里洇出无言的甜蜜。

▶▷ 曾有人
送我一朵芍药

> 你既无青春，亦无暮年，只是在一场午后，把
> 二者都梦见。

曾有人送过我一朵芍药。

小学时，他是班上成绩最差的男生，瘦小、平头，眼睛很亮。

那一天，我偷偷穿了母亲的裙子去读书，遭到很多人的取笑——那一条黑色的半截裙，因为腰部松紧带过松，被我卷了好多圈塞在外衣下，裙下还有一条长裤，一双布鞋……

可以想象，那样的装扮，在旁人看来，实在是很滑稽。

我却浑然不觉。

直到午休时，那个男生在我课桌里放了一朵芍药，我才知道，他是怕我伤心，才摘了"全世界最好看的花"来安慰我。

那一刻，我仿佛在他的眼睛里，看到了彩虹。

我与他成了好朋友。

晨雾悬浮的春天，我们一起爬过干涸的山渠，去寻觅山塘里的茭白。山渠里面有死老鼠，有鱼骨，也有蛇，深处的光线尤为暗淡，泥土湿软阴凉，像被时光遗忘的地方。

他趴在我的身边，跟我说，不要怕。

晚霞涌动的夏末，我们写下小纸条，相约去岩洞探险，黑压压的蝙蝠擦着头皮飞过，到了开阔处，天光滴漏，水声潺潺，又似另一个世界。

夜幕时分，他提着马灯送我回家，紧紧牵住我的衣袖。一路水田延绵，我们深一脚浅一脚地踩在田畦上，耳边蛙鸣聒噪，头顶星辰弥漫，心里洇出无言的甜蜜。

只是数年后，他便随着父母全家迁去了北方。

从此，我再也没有见过他。

很多年后的一个午后，我想起与他在一起时经历的种种事件，好像进入一个奇妙的梦境，有记忆试图送一份情感元神归位，让花香成为涉江的船舶……醒来时空气中花香醺然，心间潮湿一片，尘世也如孤岛在耳边沉浮，发出声响。

一如我始终相信，气味才是情感的介质，是开启记忆的密码，芬芳而灵动。我不是能言善辩的人，相较于外貌与语言，听觉与嗅觉更能给我带来情绪的波动。

我不知道，那个记忆里的男孩子，他会不会想念我，也不知道他离开村子的那天，有没有想过要与我告别。

那时，我正在镇上上学，他却不再读书，人也变得寡言。

那时，我觉得他是不告而别。

在听到消息的那刻，心就像被凭空烫了一下，顷刻便蜷缩了起来，在很长的一段时间里，都不愿打开。

但如今想来，我又何曾许诺过他什么？

"你会忘了我吗？""请不要忘记我。"

那样的年纪，怎么敢说出这样的话？一切的幽深与热烈，都只会在心里发生。

人心可以如大海般浩渺幽深，也可以如麦芒般尖锐薄脆。

生命中来来往往的人那么多，又有多少感情，可以永远停留在那里，等着你去好好遇见，完美告别？

《新桥恋人》里说：梦里出现的人，醒来时就应该去见他，生活其实就是这么简单。

生活从来就是简单的，复杂的不过是人性的贪婪，人心的妄念。

Thou hast nor youth nor age. But as it were an after dinner sleep. Dreaming of both.

于是恍惚中想起艾略特的句子：

你既无青春，亦无暮年，只是在一场午后，把二者都梦见。

▶▷ 独行者
和
摆渡人

　　在恒久的星空下，你是孤独的夜行者，还是温暖的摆渡人？

　　我的电脑桌面上，一直保存着一张图片：

　　寂静苍穹下，一条蜿蜒的山路，通往山顶。湖蓝色的夜空，呈现出丝绸的莹莹光泽，细腻柔软。圆月高悬，星子璀璨，指引着孤独的赶路人。

　　如同看到某个时光切片里的自己。

　　记得初中时，不在学校寄宿的那一年，我几乎每天都要走过那样一条山路。头顶是湖蓝色的天空，星子闪烁，像剥落的鱼鳞吸附在上面。

　　我在星空下行走，拎着装咸菜的麦乳精空罐子，清瘦的背脊嗖嗖发凉，身边是薄坟、山塘、土地，还有无尽的小灌木和虫鸣。

直到听到"笃笃"的打铁声，心里才安稳下来。

那个时候，没有人知道，那种敦厚的声音，对于一个夜行的少年来说，有过怎样的温暖。

夜色黏稠极了，在我身边汩汩流淌，那个村里的老铁匠，就是我的摆渡人。

老铁匠在他的小屋子里打铁，从清晨，到夜深。他的哑妻，陪在他身边，给他纳鞋底，或拉风箱。红色的炉火，发出耀眼的光亮，升腾至屋顶，然后又化作轻薄的雾气，消弭于夜空之中。像童话中的小屋子，被神迹光顾。

我远远地路过他的小屋子，一路踩着打铁声，飞快前行。

不一会儿，就能看见家里的灯光了。灯光是屋子的内核。有了一盏灯，屋子就有了由内而外的轮廓，仿佛生长出光的茸毛。

那个时候，母亲已经病了，父亲在家中磨豆腐卖。披星戴月，只是一个与生计有关的词。

下了山，脚下道路平坦起来，大片的稻田承接了山路，水塘隐隐约约，像镜子，映照着星空。偶尔也会看见小孩子们点着稻草火把，在田垄上奔跑、叫喊，大声地练习乘法口诀。火光把夜幕烧出一个又一个的洞，燃烧出好闻的植物香气，空气一大团一大团的，也热闹起来了，像一场流动的盛筵。

后来，老铁匠的哑妻故去。那个沉默了一辈子的女人，来时走时都无声无息。她的丈夫把她埋在屋后的山坡上，离屋子咫尺之遥。就像她只是永远地睡着了，只是把房间搬到了山坡上。

记得少年时，有一次，我无比口渴，去她家讨水喝。她耳朵也听不见，但知道我的来意。她从水缸里舀出一勺井水，递给我，借着炉火，还能看见漂浮在勺里丝丝缕缕的青苔。水很甘甜，却有些微微的腥气，像沾染过鱼鳞。

春天的时候，老铁匠屋后的山坡上，会长满忘忧草。

忘忧草的花，在盛夏绽放，然后被采摘，晾晒。黄灿灿的花，晒干后送到镇上，据说可以卖到很远很远的地方去。

忘忧草的茎，则枯萎于夏末初秋，水分被大好的阳光蒸发，只留下淡黄色的一层草茎。空气凉下来的时候，村里的小学开学了，就会不断有小孩子来割那种草茎，将其折成一小段一小段的小棍，用来计数。

很多年了，我们家乡的小学，都是用那种小棍练习数学。我们从一个一个的阿拉伯数字，练习到百以内的加减法，然后一茬一茬地，慢慢长大，慢慢离开。

很多年后，我已经不走那条山路了。

很多人都不走了。

从镇上，到村里，修了水泥马路，车很方便，已经没有多少赶夜路的人了。

几年前，我坐在家乡的小板凳上，仰头凝望，星光扑面。

那个时候，母亲睡在对面的山林里，父亲在屋内点着松针烧火，女儿坐在我的身边——我教她数漫天星斗，一颗，两颗，三颗……

她的眼睛亮晶晶的，手里攥着一把忘忧草草茎折成的小棍子，仰着小小的脸，对这个人世充满了美好的期望。

后来，听到一首老歌，唱的是"星星是穷人的钻石，幸福本来就是简单的事"。

想起人生中的一幕幕，犹如一张张时光切片。

于是感叹每个人心中的路，其实都蜿蜒得无可丈量。

而在这条路上，遇到的很多事情，其实都不会朝着我们所期望的样子去发生。

你要怎样努力仰望，才能不迷失最初的方向？

在恒久的星空下，你是孤独的夜行者，还是温暖的摆渡人？

幸福是很简单的事。

幸福是比任何无忌的童言，都要真实，都要高贵的事。

只要捧起你的慈悲心肠，又还有什么，不值得去原谅？

▶▷ 声音的琥珀

　　没有肉身的索取，就像相互投递一张声音的明信片，一切都变得有意思起来。

　　一直记得电影《邮差》里，意大利某座小岛上的邮差，在他的诗人朋友离去后，以朝圣的姿态，跑遍整个岛屿，在海岸线上，在星光下，在悬崖边，在教堂里，在渔港，在妻子隆起的腹部……录下种种声音，作为礼物赠送给诗人的情节。

　　一、是海湾的海浪声，轻轻的；

　　二、海浪，大声的；

　　三、掠过悬崖的风声；

　　四、滑过灌木丛的风声；

　　五、爸爸忧愁的渔网声；

　　六、教堂的钟声；

　　七、岛上布满星星的天空，我从未感受到天空
如此的美；

　　八、我儿子的心跳声。

　　声音，天生就具有引人怀念的功能，可追溯时光。

　　如一首老歌，才刚刚放出前奏，你就已经打开了回忆的
匣子。那些往事随着旋律倾泻，流徙，继而濡湿内心的每一
个角落。

　　有一位朋友，从前对她的印象，一直限囿于她文字中的
理性和雄辩，如她的网络头像，杏眼圆睁，得理不饶人。

　　然后有一日，无意中听到她的声音，竟有着少女一般的
清新和甘甜。

　　彼时的她正与小女儿一起，京城的夜色在头顶流转，我
想象她的样子，一定无比温柔美丽。

　　有时候想一想，声音还真是个有趣的东西。

　　可以当作人的第二张脸吧？

　　在隐去面容和动作后，一个人的种种气息，在声音里便
无法遁逸，变得格外真实和清晰。

　　你有没有对一个人，在多年之后，已经忘记了对方的相

貌、对方的名字，连记忆也变得模糊，却始终记得对方的声音？

你有没有在心里柔肠百转地想念一个人，于是山长水远地拨通对方的电话，在一声轻轻的应答之后，只是说一句："哦……没有事，我只是想听听你的声音。"

恋爱的时候，有一种亲近，或许可以叫作"声音的爱情"。

两个声音在暗夜里相互依偎，静静缠绵，伴随着呼吸的深浅和心跳的律动，却唯独没有肉身的索取，就像相互投递一张声音的明信片，一切都变得有意思起来。

时间犹如一个巨大的容器，将周遭牢牢包裹。

时间又如发丝，总是不经意地，拂过你温热的心尖。

时间也可以将声音凝结成琥珀，不需要千年万年。它身上每一道清晰可见的纹理，都是一条神奇的脉络，可接通彼时此景，有着沧海桑田的安稳，也有着恍如隔世的惊心。

想起曾经在校园，我喜欢的男生送过我一盒磁带。磁带由学姐辗转交到我手中，录的是他的吉他弹唱。

当时心里是甜蜜的，柔软的，慌乱的。但是，又因为青春的羞怯，不好意思找同学借随身听——他会唱些什么呢？想一想就觉得怦然。

这样的声音，自然是最适合在一个人的时候，静静聆听。那么美好，却无法分享，像阅读一封特别的信，是很私密又很欢悦的事情。

　　后来，离开校园，浪迹多个城市，我一直带着那盒磁带。却也一直没有买随身听来播放，没有听一听那里面的声音。

　　很奇怪，随着时间的推移，想要播放的想法已经不那么强烈了。

　　心里更多的，是非常单纯的满足——这盒磁带里面，有他的声音陪着我。静默又恒久地陪着我，用一种我所喜欢的方式，并为我所独具。

　　再后来，随身听已经不流行了。

　　也正是在那个时候，我买了一个随身听。将磁带喂进去的时候，心里的紧张，居然依旧保持着几年前的形态——从学姐手中接过磁带的那种形态。

　　然后，我就听到了他的声音。

　　他弹唱的第一首，是周华健的歌。

　　"亲亲的我的宝贝，我要越过高山，寻找那已失踪的太阳，寻找那已失踪的月亮……"

　　听着，竟轻轻地哭了。只因为是他的声音。

　　感谢时间，将他的声音原封不动地保存在磁带里。

　　一如琥珀。

好让我时隔多年看到、听到、想到后，沉重的肉身里，还可以顷刻生长出少女一般干净的心动与欢喜，也仿佛在成年人的世界里摘得了一位少年曾赋予我的情感的特权。

记得小时候，一个邻家哥哥曾给我模拟海浪的声音。

静谧的午后，泡桐树的花朵落在长满青苔的石阶上，带着若有若无的花香和湿气，如同硕大的雨滴砸在水池里。

我坐在小凳子上，他给我递上一杯水，搪瓷的水杯，上面印着大大的五角星。

他在我的耳边说："来，闭上眼睛。"

那个时候的他刚长出喉结，声线粗粝，却依然带着童稚的尾音。

我闭上眼睛。

他说："喝一口水吧，是海水哦。"

我啜了一小口，咸咸的，还有些丝丝的腥味。

然后，我就听到了舀水的声音。

他说："听，是海浪的声音，一波一波的，打在岸边，'哗啦''哗啦'。"

然后，风也吹起来了，吹我头顶上的小鬏鬏，也吹我前额的头发，弄得我心里痒痒的。

那一刻，我仿佛真的亲临大海，听到了海浪，吹到了海风，还尝到了海水的味道。

在那种味道中，他的姐姐——一个梳着两条大辫子的高中生，正在房间里看小说，看得轻轻啜泣。

他停下来，示意我一起趴在玻璃窗子上，偷偷朝里望——一本琼瑶的《望夫崖》遮住了她的脸。

我们转过头，相视一笑。

然后，我们就听到，房间的卡带录音机里传来了珠玉一般的女声，清幽幽的，又哀哀怨怨，似要生生将人的魂儿勾了去：

"蝴蝶儿飞去，心亦不在，凄清长夜谁来，拭泪满腮……"

多年后，我寻寻觅觅那首曲子，才知道是黄莺莺唱的《葬心》。

那个时候，不懂少女心底的风露清愁，只知道那首曲子听在耳朵里，觉得无故喜欢，也觉得莫名悲伤。

那个时候，几个比我更小的鼻涕娃娃正在门前的晒谷坪踢田螺，他们不听曲子，只是在叽叽喳喳又非常郑重地讨论着：

"你见过大海吗？"

"我知道海水是咸的，海里有大鲨鱼！"

"大海，就是有那么大，那么大，那么大，一百个屋面塘那么大，不，至少一千个吧！"

"能装下天吧？"

"天算什么！"

所以我想，这世间，一定有一种珍贵的东西，叫作"声音的琥珀"。

如同沧海凝成珠泪，又被恰好路过的那一滴时间包裹、定格，然后永恒地封存在你的心间，以及，那个回忆的匣子里。

你有没有 ◁◂
爱过一个遥远的人

　　如今的我们，站在哪里，多多少少，也是决定于前路的因缘铺陈。

　　十几年前，她在自习课上偷偷地听磁带，同桌捣她的手臂，告诉她班主任赵老虎来了，沉湎在歌声里的她本能地大声问："啊，赵老虎在哪里？"

　　一张寒光闪闪的脸，还有全班的窃笑。

　　她低下头，一双手下意识地死死护住衣兜里的随身听，里面的磁带，装着张信哲最新的歌。

　　班主任把她领到办公室，说："你考上三中，我就还给你。"

　　后来她真的考上了三中，也成为班上唯一一个考上省重点中学的学生。

　　父母要奖励她，她一口气买了张信哲所有的磁带和海报。

　　赵老虎没有食言，不仅把当初没收的随身听还给了她，还附赠了一支钢笔。那一刻，看到他斑白的头发，她突然发现，他老了好多，而且，也并没有想象的那么可恨和可怕。

再后来，她去北京上大学，从南到北，一路舟车，张信哲的歌，始终是最好的陪伴。

那时，他的《信仰》已经红遍了全国，他也成了很多女孩子心中的情歌王子。

她把他的海报贴在寝室的墙壁上，在心里喊他阿哲。

与他隔着云水之遥，但并不妨碍他成为自己爱的标尺。

她知道，在还没有遇到爱的年纪里，自己就已经爱过了。

有一次寝室开卧谈会，她向室友们坦承对未来恋人的憧憬："他啊，最好有一张白净的脸，薄唇，温柔，安静，声线甘醇迷人又清澈自然，如月下春风，过耳不忘。"

山有木兮木有枝，心悦君兮君不知。

可君不知又有什么关系？

大雪纷飞的北方长夜，孤星照梦，万物静默如谜，她心底蕴藏着千般情愫、百种思绪，却也可以静谧深远得如同待风的春山。

大二那年，她和同学一起去北京工人体育场看他的演唱会。万人迷醉的秋夜，几乎整条街道都在放他的歌。到了现场，交响乐款款流泻，大屏幕花瓣旋飞，他穿着一身白衣出现在舞台上，用绅士的微笑对着台下的观众说："我担心会下雨，担心你们不会来……"台下的观众大声喊着"阿哲，阿哲""我爱你"……她的声音很快被淹没了。

她突然就哭了。

捂住脸，心尖一瓣一瓣地颤抖。

来之前，她其实也想告诉他，有一个女孩，爱了你很多年。但到了现场，才恍然发觉，身边的人，哪一个不是爱了他很多年？

那一夜，她流着眼泪听完了他所有的歌。

回来的路上，抹掉泪痕，抬头仰望夜空时，星光格外璀璨，如同大梦初醒，无比真实。

但是，那夜所有的星光，都不及一个人明亮。

她对同学说，这样的夜晚，我想我这一辈子，也不会有第二个。

后来，她毕业，历经世事，寻寻觅觅，走走停停，恋爱，工作，远行，结婚，生子，最后陪伴在身边的人，没有好听的嗓音，却有一颗爱她的真心。

原来时间真的可以改变很多。

从青涩懵懂，到成熟克制，从闲情万种，到世事沧桑。

原谅了很多人和事，一颗心也变得柔软丰盈。

　　而他，也从个人的巅峰时期，渐渐走了下坡路。

　　身边很少有人再提起他。更多的人在说，他过气了。

　　是啊，很多人以为，距离和时间，会让感情变得稀薄和虚幻，但只有经历过的人才知道，有些东西，是时间永远无法改变的。时间可以带走激情，带走欲望，却带不走一个人心底的爱。

　　爱和爱情，是两回事。

　　爱可以不问结果。

　　爱一个人，也永远不会问得失。

　　"爱是一种信仰，把我带到你的身旁。"他在歌里唱。

　　多年后，她一个人回长沙看《我是歌手》，终于又等到他出场。

　　一曲《信仰》，前奏响起，清凉又悱恻。

　　他一开口，现场就沸腾了，很多人都在流眼泪，因为每一滴眼泪背后，都有一个故事。

　　就像相隔多年，她坐在大众评审席里，看着灯光下的他，依然会觉得心悸，仿佛年岁凝结。

　　往事一帧一帧地在脑海中播放，第一次在小镇上的音像店听到他的声音，第一次嗅到星空的气息，第一次为一个人心疼，第一次写日记，第一次抱着一张海报入睡……

那些曾经午夜梦回的旋律，烂熟于心的歌词，也全都化作了耳膜上的心跳，青春里的月光，如春山检阅春风，指针聆听时间。

这么近，那么远。

那天她问我，你有没有爱过一个遥远的人？

我说，有。

世间所有没有应答的爱，都是遥远的。

但是，即便如此，我们依然不会后悔。

我还记得第一次听朴树的《白桦林》，是在一个同学的家里。

周末放学后，我们坐着公交车回家，又转乘摩的，穿过一条条幽暗的巷子，进入带着冰片花露水味道的房间，窗外是小县城落寞的黄昏。她打开电视，往影碟机里嵌进去一张CD：

> 静静的村庄飘着白的雪，阴霾的天空下鸽子飞翔，白桦树刻着那两个名字，他们发誓相爱用尽这一生……

朴树的声音。

听着是一种什么感觉呢？

像全世界的雪，都落在了心上。

像黄昏时的绿光，气流抖动，寂静又恢宏，遇见过一次，就再也忘不掉。

多年后，看到村上春树《国境以南 太阳以西》中的话，"看你，有时觉得就像看遥远的星星"，"看起来非常明亮，但那种光亮是几万年前传送过来的。或许发光的天体如今已不存在，可有时看上去却比任何东西都有真实感"。

真是契合彼时的心境。

那时，我去镇上买了硬壳的笔记本，用来抄他的歌词，字字句句，笔迹蜿蜒，如经历一场奇幻的旅程。

那不是梦，而是日常一样的真实。

他离我很远。

他也真切地存在于我的生活里。

就像他的声音，可以在我所有的感官上刻上烙印，以至于很多年后，闻到某种气味，尝到某种味道，看到某个人，想到某个地点，都会想起他，想起自己的青春年少。

那年朴树发新歌《在木星》，君归来，沧浪明月，照多少沉浮过往，与故人重来，天真作少年。

有人说听不懂，有人说无须听懂。

　　我看到微博上有朋友写道，一听泪下，如遇谶言，清晨洗漱时把水壶烧坏。

　　我的朋友圈里，有个小姑娘很喜欢五月天，她的签名是："逆风的方向更适合飞翔，我不怕千万人阻挡，只怕自己投降。"她说，你们不会明白的，五月天对我的意义。于是，她很努力地赚钱，学吉他，弹五月天所有的歌，计划去看他们的每一场演唱会。

　　其实我们明白的。
　　因为我们也曾拥有过少女时代啊。
　　《我的少女时代》里，林真心在多年后怀念徐太宇，感叹说："青春总会因为一个人，开始闪闪发亮。"
　　我想，对偶像也是如此吧。
　　林真心因为少女时代和徐太宇的一个约定，而成为职场女王，如今的我们，站在哪里，多多少少，也是决定于前路的因缘铺陈。
　　愿我如星君如月，夜夜流光相皎洁。
　　虽然宇宙那么大，地球那么宽，世间千千万万的星，在旁人眼里，每颗都一样。
　　但我们知道，自己的不同。
　　我们也知道，一个人有了爱，以后的路就会不一样。

▶▷ 年少的喜欢，
睡在记忆里

就像当时的我，也以为一辈子只够喜欢一个人。

我没想到还会遇到他。

他是我的初恋，是给我写人生中第一封情书的人，也是我青春记忆里深深思念过的男生。

那一天夜里，打开电脑写稿，看到社交软件上有陌生人加我，于是礼貌性地问了一句，你好，哪位？

然后就看到了他的名字。

我惊讶极了："你好吗？"

他说了自己的近况，大约是在一个南方的城市，已恢复单身。寒暄片刻后，他又告诉我，他还保留着我以前写给他的那些信。

他问："可以再给我写一封信吗？"

"不了。我的字已经看不得了。"

我说的是真的。

我的字写得最好看的时候，也就是刚进高中那会儿。那时，坐在教室里，一伸手就能摘到窗外的香樟树叶。我喜欢把各种各样的小句子写在树叶上，然后看着它们旋落在风中——为赋新词强说愁的年纪，总免不了伤春悲秋。

他比我高两届，当时正是高三。有一次，我去他们班做绘画课模特，下课后，他就托同学送了信给我。

他的字很漂亮，笔画俊逸，刚柔兼备，是那种一下子就把我的字比下去的漂亮。

至于信的内容，我已经忘记了大半，大意是，他喜欢大眼睛的女子，而我正好是他喜欢的那个类型。

我给他回了信，被人称赞和喜欢，心里是高兴的，却也羞涩，笔落在纸上，只写了一些不相干的话，怕他看出来什么，又怕他看不出来什么。

之后在校园里见面，各自都会有些不好意思。大多数的时候，都会红着脸，微笑着点头致意。偶尔也会写信，写纸条，托同学递来递去，然后甜蜜地接受"邮差"们的诡秘一笑。

那年放寒假，他问了我家的地址，说会给我写信。

他也真的写了两封信来。

信寄在村口的代销店，我一路飞奔去取，然后在寒风凛冽的路上，一边读他的信，一边踢着小石子回家。

　　其实我们的家相隔并不遥远，不过是相邻的两个镇子。而投递到镇上邮筒里的信，则需要统一收集，送去县城分拣，绕几道弯，最后才辗转抵达对方的手中。

　　所以感觉有些奇妙，多年后想起来，那应该是青春年代里，我们所做过的最浪漫的事。

　　只是高一下学期的时候，母亲的病越来越严重，我断断续续地去学校，情绪一直很低落，在学习上，也已经没有了心思。

　　有一天中午，我坐在教室里，看着窗外同学们在阳光下奔跑打闹的样子，心里像塞满了石头。我用小刀在手臂上刻字，血密密地流出来，却一点都不觉得疼。

　　也就是那一天的黄昏，他约我去校外走一走，说托人给我带了治胃疼的中药。

　　他在信纸的背面写："月上柳梢头，人约黄昏后。"

　　我捧着信纸，出校门的时候，第一次觉得古诗词是那样的美，美得世事恍然。

　　他在校门口等我，手里捧着一小袋中药，见我过来，远远地朝我挥手，眼睛里满是笑意。

　　我们一起沿着马路向郊外走去，一直走到一片荒芜的田野中。那里有一块大石头，他坐在上面，我小心翼翼地隔着半尺的距离，坐到他身边。

初夏的季节，芳草鲜美，野花遍地，天空中的云霞也特别明亮。他从小袋子里拿出一根细长的党参，轻声问我："你要不要尝一尝？"

我接过来，尝了一下，甘苦的药香很快抵达舌尖，又在口腔里洇开。

那一次，我们似乎说了很多的话，关于老师，关于同学。

又似乎沉默了许久，只是安静地坐着，等待时间从我们身边一分一秒流逝，一点一点没入四野。

很多年后，我读到顾城的诗句，"草在结它的种子，风在摇它的叶子。我们站着，不说话，就十分美好"，总会让我想起那个场景。

那样安静又单纯的美好，我也是亲历过的。

那天回学校的时候，马路两边是延绵的青杨，我们在树下不紧不慢地走着，温和的夕阳透过树叶，也不紧不慢地跟着。

到了校门口，我们分开，各自回自己的教室。

我看着他的背影渐行渐远，看着他中途回过头来冲我一笑，陡然就难受起来，心里空落落的，仿佛什么都留不住。

在那个学期将近尾声的时候，因为母亲的病情，我已经有很长一段时间没有去学校了。

后来有同学来家里找我，我便和她一起回学校拿衣物，顺便办理休学。

那天，我的心情很沉重，但在寝室，还是强打精神，与同学们说笑了一会儿。

下楼时，竟然看到他站在楼下。

他帮我提着箱子，陪我一起去校门口坐车。

一路上，我们都没有说话。

那个时候，我不知道自己还会不会继续读书，他也没有办法给我任何承诺。

在开往县城的中巴上，他靠着我的座位在过道上站了一会儿，车很快发动，乘客挤挤挨挨，他只能匆匆下去。

"我会给你写信的！"他大声朝我喊道。

我记得那天他穿了一件深绿色的外套，刘海很长。

车开动后，我想回头看看他，可是车后窗上，全是灰尘和泥巴，很快，就什么都看不到了。

那个夏天，母亲到底还是去世了。

不久后，我也离家，去学电脑，去打工，一个城市一个城市地辗转。

开始那两年，还和他断断续续地通信，但后来，也就渐渐断了联系。

再后来，我相亲，结婚，生子，又一个城市一个城市地搬家，遍尝生活的苦辣酸甜，十余年眨眼即过。

想起几年前，在家乡县城的饭店与同学小聚，大家酒足饭饱之后，不免各自感叹，时间是如何的迅疾如风，命运是如何的翻云覆雨，青春的梦想，又是如何零落成泥碾作尘。

比如 A，以为会当画家，如今却当了城管；比如 B，曾立誓要做老大，以后罩我们一条街，如今却每天朝九晚五，过得比谁都老实；比如 C 和 D，曾经那么甜蜜，可还是分开了；比如 E 和 F，以前天天掐架，势不两立，没想到，现在他们俩的孩子都能打酱油了……

曾经，我们都以为自己会在梦想的道路上策马奔腾，就像每一个男生，都有一个英雄梦；每一个女生，都暗自憧憬，有人会身披黄金战甲，脚踏七彩祥云，带着自己离开。

就像当时的我，也以为一辈子只够喜欢一个人。

直到很多年后，经历时光和世事，才慢慢明白，原来，我们这一生，是会经历很多坎坷和意外的，脚下走的每一步路，也都与情感的选择、命运的走向息息相关。

那些年，我模仿过他的笔迹，也寻觅过他信中提及的作品和作家。那时的我，多希望可以与他站在一起，发出与之匹配的光。

他曾在信中写："你的眼睛里，有村上春树笔下的忧伤。"
我就去书店寻找村上春树的书，一本一本挑灯夜读。

他在信中给我写过一首小诗，从此我便爱上了诗歌。

他曾在南方某个城市住过，有人说起那个地名，我便觉
得有一种莫名的亲切。

后来我在想，是什么导致我和他失去联系的呢？

我们曾接连在几个城市比邻而居又擦肩而过，我们也曾
深深地思念过对方。

是的，不是时间，不是距离，而是我们从未看清过自己
的内心。

少年的心，是一片荆棘密布的森林。

村上春树的书里说："每个人都有属于自己的一片森林，
也许我们从来不曾去过，但它一直在那里，总会在那里。迷
失的人迷失了，相逢的人会再相逢。"

但相隔十余年，我已经相信——

美好的青春不可重来，年少的喜欢却可以在回
忆里长生。

但凡怀念，皆为重逢。

那一夜，我把他放到"亲人"组里，跟他道了晚安。

然后我告诉他，我先生人很不错，欢迎到我家来做客。

如此我便知道，自此之后，他不会再联系我，一如我，不会去打扰他。

又想起很多年前的梦境，初夏的黄昏，我和他并肩走在一条长长的马路上，不时有长途客车经过，掀起漫天的尘土，我们身边是延绵的青杨与田野，他不说话，我低头看自己的手臂，上面有用小刀刻过的字，细细密密的血迹，才刚刚凝固……

梦醒时，耳边似有人言，那样一段青春的路，手捧情书和他一起走过的路，用多少流金岁月，你才换呢？

如何换呢？那就是岁月里的黄金啊。

因为我知道，我一生的爱情，都是从他那里出发，所以我也希望——那个爱的最初的源头，一直在那里，永远在那里。纵然是经历过世事的颠沛流离，岁月的泥沙俱下，依然能够温暖如昔，干净如昨。

▶▷ 岁月忽已晚，
努力加餐饭

在罅隙中懂得努力加餐饭的人，定能随时与生活把酒言欢。

小时候，有年早春，村里小春家翻新房子。老房子不能住了，他们一家子全都搬到屋前的稻田里，几张老木床，用竹垫、门板、油毡、塑料膜等物什遮遮盖盖，床边连着菜地，橱柜背后就是锅碗瓢盆。

每天清早，稻田间开始蓝烟袅绕，我就会背上书包，循着那烟，走过弯弯曲曲的田畦，去喊小春上学。

那时五谷已在去岁尽数归仓，天地间空廓静寂，延绵的稻田里，只留下光秃秃的一层禾蔸，冷不丁地吐出一处两处嫩芽，在寒风中微弱又顽强地起伏着。路边一摊一摊的水渍都结了冰，上面漂着丝丝的褶皱，是夜间被冻住的风痕。

小春家乌青的油毡上，也落满了雪粒子，被烟雾水汽蒸腾着，远远看去，斑驳中又有一层温情的氛围。

小春是个谜一样的慢性子，总能雷打不动地细嚼慢咽，最普通的白米稀饭加咸蛋，好像都能吃出特别的香味来。

"吃饭是人生大事，莫催，莫催，雷公都不打吃饭人呐……"

小春奶奶在泥巴糊成的土灶边熬稀饭，米香淡淡地飘散，她一小把一小把地添柴，笑起来一脸褶子，像个剥了肉的桃核。

待小春吃完了粥，奶奶已经在她的雨靴里垫满了干稻草。她穿上靴子，拉起我的手，一路蹦蹦跳跳，直呼暖和。

有天放学后，我磨蹭着不肯回去，写完了作业，就和小春坐在床边听歌，时间流逝，没有声响。小春的床头放着一台录音机，是她哥哥从广东带回来的，还有好多印着明星头像的磁带。有时候，磁带会卡住，她就伸手摸根筷子，熟稔地将其卷好，再喂到卡槽里，又咿咿呀呀地继续唱。那会儿流行听粤语歌，宝丽金的磁带，附有歌词，我们趴在床上，头挨着头，把歌词一字一句地抄到小本子里。

天慢慢黑下来，我就顺势留在小春家里吃晚饭。

暮色萧萧，小春奶奶用冒着白汽的井水淘米，洗菜，涮腊肉。脆生生的白菜，清甜多汁。腊肉熏了一冬，收纳了沉甸甸的烟火气。洗好的腊肉，片好后蒸到剔透，倒进铁锅里用干辣椒炝个几分钟，洒点老酒，再浇上一瓢井水，驯服了激溅的油光火舌，锅中应势沉静下来，任凭汤汁热气慢悠悠地浮沉滚动着溢满田间阡陌，顿时四野生香，直勾人饥肠。

"饭一定要吃好，吃好啊！"

小春奶奶亮开嗓子，翻修房子的一家子也陆陆续续地聚过来了，他们拍拍身上的石灰，就着井水洗手，然后和我们一起坐在长凳上，齐整整地围住锅灶，一人一只大碗，吃得浑身酣畅，心也厚实妥帖。

晚饭后，父亲来接我，我死皮赖脸地要在小春家里过夜。我感觉小春稻田里的家就像电视里的帐篷。父亲拗不过我，就和小春爸爸坐在田埂上抽旱烟，吧嗒吧嗒，火光在清冷的夜幕中明灭，如孤星闪烁。

后来父亲折回，我坐在小春的床边洗脚，伸长了脖子目送他离去，一条微白的细路上，他的背影渐行渐远，渐渐化在浓稠的夜色里。

洗完脚，我们把洗脚水顺手泼在菜地边，雾气四下弥漫。夜间睡在床上，周遭寂静得出奇，仿佛能听到菜叶孜孜生长的声音。到了半夜，窸窸窣窣地下床去稻田深处解手，一仰脸，就有薄雪拂面。

翌日清晨，雪落了满地，我在田间醒来，门是敞开的，雪光照眼，恍惚中如至异域。

小春奶奶坐在灶边熬稀饭，白玉一样的稻米在锅中翻滚，柴火哔哔有声，牛乳般的热气氤氲着，远山的轮廓也拉近了，好像浮在眼睑上。

是时，身边的小春一个鲤鱼打挺，头一下就顶着了"房顶"，油毡上的雪从缝隙间漏下来，扑扑簌簌，全洒在我们脖颈里，又凉又痒，却让人觉得由衷地欢喜。

"饭要吃好啊！"

小春奶奶的话，让平常的吃饭多了一种仪式感。

早饭时，我开始学着小春的样子，慢慢地咀嚼，慢慢地吞咽，慢慢地感受，然后，从舌尖，到胃肠，再到回忆，都记住了那种简单朴实的温暖。

十七岁，我在深圳打工，厂里包食宿，但还是有很多人在外面租房子住。他们租住的地方多是附近老式的民居，有点像棚户区的样子，密密匝匝，一间连着一间，石棉瓦，水泥地，门口的葡萄架上，挂着花花绿绿的内衣和厂服。

有个女孩子叫阿妹，广西人，是我的工友。我们平时就坐在同一条流水线上，拿着电批风（电动螺丝刀）给各种各样的小玩具打上螺丝。

工作算不上太累，就是瞌睡太重，一不小心就打滑了。

打滑了要挨主管的骂，所以经常恨不得用牙签把两块眼皮支起来。那时，阿妹就会在旁边用手肘捣我，然后陪我说上一会儿话。我现在还记得她说话的样子，没有卷舌音，软糯软糯的，跟她的性格一样。

阿妹年纪比我大一点点，在我面前，她自然就充当了姐姐的角色。我刚好也很享受那种被照顾的感觉，比如我们在外面吃夜宵，她会把肉丝都扒拉到我碗里，"你太瘦了，要多吃点肉"。说普通话的时候，她总是把"肉"念成"又"，为此，我没少笑话她，她也不恼，依旧傻乎乎地对我好。

阿妹住在外面，和她的姐姐一起，租了间小房子，就在工厂背后。她姐姐经常上夜班，到了白天，要么在屋里补觉，要么就是去城里看男朋友。

只要晚上不用加班，我就去找阿妹玩。我们一起去逛夜市，买杂志，也买廉价的衣服，单薄的青春，仅需稍微装点一下，就可以呈现出明亮愉悦的色彩。

街边新开了一家俱乐部，叫"2008"。2008，那串数字，当时想着就觉得遥远，要好多年才到啊。当然现在，也同样的遥远，是回不去的时间，也是无限不相交的节点。

我们在路边的小店里吃糖水，磨磨蹭蹭半天，只为追一集《情深深雨濛濛》。插播新闻时，申奥成功的消息传出来，不明白为什么有那么多的人，会站在椅子上欢呼雀跃。

夜市上卖盗版碟片的摊位，最爱放《离家的孩子》："离家的孩子，流浪在外边，没有那好衣裳，也没有好烟……春天已百花开，秋天落叶黄，冬天已下雪了，你千万别着凉……"

灯火迷离的街道，机器轰鸣的工厂，离家的孩子们麻木的肉身穿行在其中，内心的那碗乡愁，却始终温热鲜活。

歌声这东西，最易勾惹异乡人的眼泪。

阿妹也想家。她跟我说，她有一个愿望，就是在老家开一间面包房，做烘焙，做蛋糕，做一切好吃的小点心。

她坐在出租房的小凳子上，翻着一本过期的美食杂志，"小时候，爸爸带我去城里，我看到橱窗里的生日蛋糕，做梦都想要一个，心想那一定是世界上最好吃的食物吧……但是我不敢要，因为很贵，我知道爸爸买不起。不过，现在我们姐妹都长大了，日子总算是越来越好了，可以赚钱，然后做自己喜欢的事情。"

有一次，阿妹用电饭煲给我做糯米饭吃。那天，她刚洗完澡，头发湿漉漉地挂在耳后，露出光洁白皙的侧脸，极是好看。她站在小桌子旁边，往糯米里加不同颜色的果汁和蔬菜汁，过程虔诚而专注。我在一旁看着，就像看一位刚过门的新媳妇，她的身上，竟有一股说不清的神采和韵味。

以至于后来看到书里说什么"洗手作羹汤"，我也总是会想到她温柔的样子。而糯米饭本身的味道，除了香甜好吃之外，很多具体的细节都被时间冲淡了。倒是那个制作的过程，一直让我念念不忘，如洗不掉的气味，牢牢地附着在记忆的内核里。

这些年，在灶台的方寸之间，我与天南地北的食材打过交道，也常依照菜谱，烹制出各路美食。

我毕恭毕敬地尊崇着"色香味意形养"的佳肴之道，也狡黠地企图在无辣不欢与清淡营养之间寻求两全之法。

而我是从什么时候开始，真正地爱上厨房的呢？

回溯往昔，想来就是那次胃坏掉之后吧。狠狠地病了一场，初愈时躺在床上，朦胧间听到父亲在厨房煎猪油的声音，噼里啪啦，敦厚又清晰；高压锅里蒸着米饭，噌噌地冒气；窗外是漫天的春花和云霞，我的小婴儿流着口水，趴在床角玩积木；暖阳照在屋子中央，一寸一寸地把人心照亮……我趿着拖鞋，倚在门边，看着父亲一碗一碗地盛饭，饭碗端在掌心，米香扑鼻的那刻，忽然就觉得饿了，好像饿了很久很久一样。

就是那样，胃口来了，心神也活过来了。

你看，这人世，终究还是丰饶可恋的啊。

而人活着，就是要好好关爱自己。

如果把家比作一个人，那么厨房就是家的胃。和自己的胃好好相处，才有充沛的精气神，去抵抗或拥抱这个苍茫的世界。

几日前，一个平淡无奇又颇有深意的黄昏，我在厨房忙碌，刨山药、洗排骨、择香葱，紫砂锅支在灶上，米粒在电饭煲里膨胀，水龙头哗啦啦地响……

是时，远方的女友给我寄来包裹，是她亲手制作的豆瓣酱，用小小的瓦罐盛着，旁边附了一封手书，圆鼓鼓的字体，跟她的爱意一样拙朴天真——

思君令人老，岁月忽已晚。
弃捐勿复道，努力加餐饭。

霎时热泪盈眶。

在食物与情感面前，语言终归是轻浮的。

在这样风雨如晦的季节里，一碗米饭，半匙酱香，就足以把日子过得舒筋活络又推心置腹。

忽忆起多年前的早春，路过用犁铧耕过的稻田，春草蔓生，泥土的腥味还充盈在鼻腔里，我背着书包，在田埂上像小马驹一样地奔跑，大声喊小春的名字，心底有奔腾的热气，胃里有软糯的热饭。

《感官回忆录》里说，人的一切回忆，都能在感官昭示下，沿着原路返还。

我相信。

就像一滴酒对葡萄的怀念，我时常在与厨房厮守的过程中，想起童年时的甜蜜与富足，以及青春时的懵懂与温馨。

世事如飨宴，我们曾经跋山涉水地赴约，也曾经马不停蹄地离席。

所幸，一颗心还可以循着味觉和气息，一点点地去觅那回忆里的暖意，那里有我肉体的原乡，也有灵魂的归依之所。

如此，再投身于茫茫俗世时，便不会活得平庸又乏味。而在罅隙中懂得努力加餐饭的人，定能随时与生活把酒言欢。

我相信 ◁◂
你会飞得很远啊

　　无论飞得多远，漂泊多久，有乡可回的人就是幸福的。

　　这些年在外面的世界安身立命，心底里却依旧将自己视作永远的异乡人，只有当双脚踩在家乡的土地上，呼吸着乡音萦绕的空气时，才不至于让家乡、故土、旧人……成为一些只配用来怀念的词。

　　推开老屋的门，我小时候的涂鸦还留在墙上，还有褪了颜色的奖状，蒙尘已久的画夹，父亲的蓑衣，母亲的麻线，一切梦痕犹在，亲切又恍然，好像一闭上眼睛，就能听到母亲生火的声音。她常用一只小铁瓢给我做猪油焖饭，饭熟后，再撒上一把野藠头花，热烈的香气就溢满了日子的每一个缝隙。

　　那时的母亲，也还健壮无恙。她什么事都不怕，不怕苦，不怕累，不怕难，也不怕死。

却唯独没有想过会病。

病来如山倒，她不服软都不行。

于是，在离世前的那两年里，她每天魔怔似的上山砍树——刺杉的树茎，正是做椅子的好材料。最后，她请了村里的木匠，一口气做了几十把椅子，那种矮脚的小靠背椅，刷了朱红的漆，全都留给了我。

我懂她的心意。我家人丁单薄，爷爷生父亲，父亲生我，皆无旁支。母亲她曾一心想要招赘，指望延绵姓氏，人丁兴旺——就像那么多的椅子，都是给人坐的啊。

吃完饭，父亲到院子里打字牌，一桌四个老人，年纪加在一起，都快三百岁了。

他们常聚在一起，打牌，抽烟，聊天，慢慢地消磨余生。他们都老了，眼睛花了，耳朵背了，手脚也不灵活了，但没有谁会嫌弃谁，每个人都一样嘛——老，才是世间最大的殊途同归。

最老的一个是七爷，耳朵也背得最厉害，说起话跟吵架无异，隔着老远，就听到他的声音，"我不晓得哪一天就要到山里去睡觉了，不过，你们不急啊，我先去探探路，等安顿好了，就送梦过来……"

众老头儿大笑，"不急不急，反正都要去山里的，到时候，正好凑一桌哩。"

我也笑了，是不是人活到一定的年纪，不通透也通透了呢——生死荣辱，从来都是年轻人在争的东西，等到真正老去的那一天，反而成了一件可以打趣的事情。

就像我，在过了三十岁之后，也会真正地看开很多人和事。比如多年来对母亲过世一事的种种沉重心结，这两年终于能够解开，放下，然后平静地面对。

我想，到了今天，母亲应该会谅解我，毕竟"好好生活"四个字，已强过任何的眼泪和愧痛。

那天午后，我一个人坐在椅子上，什么也没做，就那样怀想了很久。

人说好好虚度时光，莫过于此：

春天，一夜脆雨，如珠玉唤声，正是人间好时节。翌日清晨，山窗初曙，披衣起身，邂逅一树桃红，种下半畦土豆。

夏天，蛙声虫声打铁声声声入梦，窗外的夜空像倒扣的锅底，有星星不断冒出来，一直溢到山窝窝里。

秋天，颗粒归仓，斜阳归山，倦鸟归巢，村头的桂花开了，正好可以糖渍一罐，慢慢尝。

冬天，窝在老屋里生火，温酒，等一个敲门问路的乡人，晚来天欲雪，能饮一杯无？天气好的时候，便坐在墙根，晒暖洋洋的太阳，直到心底生出羽翼。

走过那么多的路，行过那么多的桥，能让我顷刻心安的地方，还是这一方小小的生养之地。

就像曾经不顾一切地想要离开，在那个港片承包电视机的时代，我像一块海绵一样尽情地吸收那些流行的元素。我嫌弃家乡的一切，土得掉渣的乡音、俗气的名字、迂腐的生活方式，我向往外面的世界，喜欢宝丽金的歌曲、爱情电影，把玩那些流光溢彩的地名，香港，澳门，拉斯维加斯……

直到有一天真的走出去了，才又深切地念起家乡的好来，才知晓，原来世间真有乡愁存在，也才理解，老一辈离乡的人，为何要从灶心里刨一包泥土带上路——据说专治水土不服。

而对于家乡，身在其中的人，当它是饭粒子，只有漂泊在外的人，才觉得它是明月光。

没有孰轻孰重，其实都是福分。

星河云影，谷雨清明，时间一年又一年地过去，唯有记忆不会老。

那是暗夜的珠光，也是游子的信念。

就像小时候一个人站在山坡上玩纸飞机，每投掷出去一次，都要往飞机的头部哈出一口气，那一口气，其实什么用都没有，只是单纯地相信——"我相信你会飞得很远啊！"

无论飞得多远，漂泊多久，有乡可回的人就是幸福的。

还记得离开家乡那天，父亲沿着公路来送我，路上大风贯耳，如时光飞逝。他佝偻着背，点了一支烟，眯着眼望着邻村被征收的地，无力地惋惜着，又微弱地庆幸着，"你看，隔壁村那一片那么好的土地，还有老宅子，就那样说没就没了。还好，我们这边的土地，暂时还在……"

车子来的时候，天空下了雪，整个村子都安静下来，农田悄然，山野沉睡，埋藏在大地深处的人和故事，都成了秘密。

只有路边的桃树，不忧不惧地吐出了新芽，尚未发叶，枝丫间就萌出了星星点点的红。

于是我又想起了母亲，那个曾赐予我岁月恩情，教会我一花一木的人，她说过，看到那样的红色，就觉得世间再也没有什么困难不能挨过去。

▶▷　一觉
睡到小时候

又过了许久，大家都玩乏了，就那般在帐子下
睡去，一觉睡到月当头，一觉睡到小时候。

儿时的夏夜，电视剧播完了最后一集，我才睡到床上。
待母亲把麻帐子放下，掖好帐门，雕花床即刻变成了与世隔
绝之地。我跷着二郎腿，开始在脑海里飞檐走壁，把电视剧
里的情节全部复习一遍。我幻想着有人在夜深时轻轻叩击我
的窗子，一下，两下，三下，那是独属于我们的约定，一起
去稻田论剑，月光如雨，落在我们的剑上，和我们的脸一样
冷。或是去惩奸，十步杀一人，千里不留行。

然后我睁大眼睛，隔着麻帐子看窗外，夜色像一瓢幽深
的井水，渐渐沉淀，浮着棕榈树的影子，搁着远处的狗吠和
近处的虫鸣，却始终没有身穿夜行衣来找我的侠客。只有忙
完家务后躺到我身边的母亲，蒲扇一摇一摇，小小的风里带

着苎麻的气息，绿云一般拂过脸颊。苇席则如一叶扁舟，载肉身入梦。慢慢地，我的眼皮也像帐门一样闭合，把功夫什么的都忘到了九霄云外，一觉睡到日当头。

帐子是用麻线织成的，厚重，密实，经久不烂，冬暖夏凉。麻线来源于苎麻。村子里的苎麻都生长在山脚下。盛夏时节，成熟的苎麻比一个大人还高，细细的秆子，叶子正面青背面白，边缘有小齿，风一吹，碧波涌起，白浪翻飞。大人们把苎麻割回家，用水浸泡一两个钟头，就可以开始刮麻。

刮麻是孩子们的盛事。只见大人们坐在自家坪里，几户人家相对相望，嗓门稍微提亮一些，即可闲话家常。孩子们在旁边跑来跑去，时不时得大人一声恶狠狠的佯骂。母亲坐在灶屋前刮麻，对面就是猪栏，小南风一吹，潲水的气味，猪粪的气味，苎麻的气味，柴烟的气味，混合在此起彼伏的刮麻声里，却让人觉得一切温和可亲。

曾经，我对那刮麻刀十分感兴趣。一块 U 形的小铁片，像某种武林高手的暗器，套在木柄上，中间凹下去的部分，刚好可以容纳一根大人的拇指。实际上，刮麻刀的刀口没有刀锋，不会伤人，对付植物却足够威武有用。母亲从脚盆抽出一枝麻，咔嚓对折，里面的茎骨就断了。手持刮麻刀在对折处顺进去，拇指和刀口之间，隔着一层麻皮，刮的时候，要用指肚摁住 U 形的凹口，劲道全凭经验。刮得顺溜了，就能听到"嘶嘶"的声音，那是皮下纤维顺着刀锋脱落的声音。我们要的正是那些纤维。麻刚刮下的时候，是乳白色的，还能看见清露一般的汁液和星星点点的绿皮。等到全部刮完，就要放入水中，用洗衣槌敲打，清理掉多余的杂质，余下的便是可供我们织补的真正意义上的麻。

洗过的麻要放在荷叶锅里煮。加水，添柴火，猛火升温，水开后，整个灶屋都香气四溢。煮好的麻晾晒在竹竿上，夏日火辣的阳光将赋予它们更多的韧劲和本能，仿佛历经劫难、脱胎换骨的重生。一个日头后，在夕阳余晖下被收纳到竹篮里的麻，蒸发掉多余的水分，颜色变得洁白，光泽凝固，已足够坚韧，更泛出一股质朴的清香。

如此，便可放置柜中安心贮藏，品质经年不变。当然也可以当即拿出来，搓成纤长细腻的麻线，在一个又一个延绵无尽的夜间，被母亲用来纳鞋底，缝补物什，周而复始陪伴我们的冬暖与夏凉。

夏天的夜晚是漫长的，睡在麻帐子里，我最喜欢听母亲讲野人的故事。说的是很久以前，村庄对面的山里住着野人，那野人牛高马大，浑身红毛，有獠牙，有尾巴，性情诡诈。有能言善辩的，会模仿人穿衣吃饭，还会把苎麻叶子覆盖在身上，当成衣服上的补丁，去骗不听话的细伢子。也有喜好喝酒的，村里的人去山下种地，常随身带着一壶老酒，万一落单遇着了，就立马请其喝酒，待其醺醺醉去，立即脱身。

那个时候家里不点蚊香，经常在睡觉前，父亲会端来煤油灯，钻进麻帐子里去烧蚊子。我喜欢看父亲烧蚊子。屋子里熄了电，煤油灯的火苗把整个蚊帐照亮了，我们的影子，一大一小印在蚊帐上，煤油的气味在帐子里轻轻发散，心里就会漾起水样的温情。

蚊子大多停在帐子上方，在火光燃烧的微小气流里，它们的身体有一种浮动的假象。其实它们是不动的，也不奔走相告，只要端着灯火向前一探，它们顷刻身亡。随着"哔叭"的一声，小小的蚊尸蜷成一团，像一枚植物的飞絮，掉落到灯罩里。但蚊子是烧不尽的，天天烧，天天光顾，前仆后继，生生不息。

夏夜里有萤火虫，田野山林，屋前屋后，如同星子溅落。据说萤火虫以露为食，化草而生，是世间极为干净的生灵。这样的说法，我猜测是由古书里的"腐草为萤"演化而来，但听起来总是清香又浪漫的。实际上，我所知道的萤火虫，吃南瓜叶，也吃田里的香瓜，跟馋嘴的细伢子一样，是很喜爱甜食的物种，是与童年亲近的小生命。

有时候，我也会捉上几只，将它们装到盐水瓶里，挂在麻帐子的帐钩上。点点黄绿色的光芒，一明一灭一尺间，帐子里的世界便产生了一层如梦似幻的朦胧氛围，还不晓得吟诵"轻罗小扇扑流萤"，却仿佛已经完成了生命中诗意的启蒙。

看母亲洗帐子是很有意思的。水塘边的野蔷薇开了一茬又一茬，有白色的瓣子，也有粉色的瓣子，明黄的花蕊上，花粉颤颤，在阳光下闪着薄薄的光，散发出热烈又浓郁的香气，专门招惹蜜蜂和蝴蝶。在花间，蝴蝶是悠闲的独行者，蜜蜂则成群结队，"嗡嗡"地振动着小翅膀，忙忙碌碌，倒也不觉得它们讨嫌。还有一丛一丛的悬钩子，结了累累的果，都熟透了，看着馋人，但又够不到，风一吹，就落到水塘里，总是白白便宜了鱼。

母亲在水塘的大石头上捶打麻布帐子，用笨重的木槌，一遍又一遍，露出皓白的手腕，力道柔而劲。我站在水塘高处的晒谷坪里看着她，尽管是那样懵懂、对世事浑然不知的年纪，依然会在心底生出绵长的温柔的情愫来，像新树抽枝，青翠又生动。

后来，母亲过世，我离开家乡，成了多年未归的游子。再回来时，那床陈旧不堪的麻帐子，早被父亲收进了衣柜中。父亲老了，在夏天的夜晚，他已经习惯了点一盘蚊香，呼朋引伴，闹哄哄地打牌，用三五小钱消磨鳏居的孤独。当然，村里也早就不种苎麻了，山脚下灌木疯长，原来在大锅饭时代辛勤开垦出来的土地，种瓜种豆种苎麻之后，又重新与大山融为了一体。

村里越来越多的人去了城市打工，我也是其中的一员。两班倒的夜间，我去街边的小卖部租书，"飞雪连天射白鹿，笑书神侠倚碧鸳"，泛黄的书页里，收藏着我荒烟蔓草的青春。我终究没有变成仗剑天涯的侠客，而是活成了老实本分的流水线工人。无数个加班的深夜，我从厂房回到宿舍的小床上，耳边蚊子嗡嗡飞舞，却充耳不闻，瞬间便沉沉睡去。我的床上，挂的是几块钱就能买到的尼龙帐子，洁白，轻盈，薄得近乎通透。风吹过，帐门翻飞，像一团无根的云。

令我惊讶的是，住在高楼林立的城市里，居然在绿化带中又见到了苎麻的身影，不晓得是不是飞鸟衔来的种子，只知道它们与野草杂花混迹在一起，已经成了异乡的流浪者，慢慢隐去了自己的名字。

经常在梦里，我还是会重回那样的夏天。就像旧光阴里的慢镜头，被母亲洗过的麻帐子，已经用帐棍穿好，晾在了晒谷坪的棕榈树下，苎麻的气息正顺着水珠，滴滴答答落在树下的大石上，然后融入泥土。太阳炽热极了，一阵一阵的蝉鸣让人产生了温柔的昏眩，帐子很快就可以随风飘动起来。我和几个小伙伴在半干的帐子里面钻来钻去，过家家，捉迷藏，用刚学会的成语没心没肺地吹武侠牛皮。过了许久，天上一朵硕大的云遮住了太阳，整个世界都变得清凉可爱，小南风一下一下地掀动帐门，野蔷薇独特的香气也一下一下钻进帐子里，犹如岁月扑面。

又过了许久，大家都玩乏了，就那般在帐子下睡去，一觉睡到月当头，一觉睡到小时候。

▶▷ 在暮色中
归仓

　　　　　我吃着那些口粮长大。长大了，就离开了。

　　那样的暮色，专勾记忆的魂魄。

　　太阳终于掉进了对面的牛背山，空气凉下来了，天地间渐渐有了蚊虫飞舞。蚊虫们都是小小的个子，小得让人看不清模样，它们的翅膀一齐震颤着，发出嗡嗡的细微而又密集的声响，在暮色里，汇成一股黑色的气流。

　　打谷机还在响，声音此起彼伏，也在秋收的田野里搅起一个一个的旋涡。稻谷被收割，被装满铁钉的滚筒打落，然后沙沙地落到仓里。"回屋吧，蚊子撞脑壳了！"田里有人喊。慢慢地，声音稀疏了，打谷机停了，稻谷被撮进箩筐。田野里又响起了"刷刷"的撮稻谷的声音，匀称而敦实，像一首永不跑调的歌谣。

　　天黑下来了，我也要烧饭了。

我在耳屋里烧饭，眼睛看着门外，巴望着父亲母亲早些回来。天光又深了一层，灶膛里的火光就更亮了。火光越亮，我就越害怕。在乡间，鬼神之说，布满了每一个角落。那些老掉牙的故事，本是大人们茶余饭后的消遣，伴着他们亦真亦假的表情，就像剔出菜渣子的牙签，是可以随手丢弃的。而听在我耳朵里，却稳稳当当地生了根，发了芽，长成了一片带刺的荆棘。

我经常狠狠一闭目，就能看到漫天的星星。不，应该比星星要小一号——细碎的，颤动的，游走的，旋转的，一种让人恐惧的巨大的密集，无边无涯，向我袭来。那种溺水的晕眩，刺痛双目，又带着被浓痰堵住喉咙的窒息之感。

我不知道别人有没有，近三十年了，这个问题我还没弄清楚。也曾想过，或许关乎一些病理的因素？我不知道。但是那时候，它带给我的那些无师自通的幼小的恐惧，无以复加。

我害怕的其实是奶奶。邻居们逗我："奶奶还在屋里呢，你听，她在屋里开柜子了。"我怕得头皮发麻，大声嚷嚷："没有，没有，不是，不是，我的奶奶在山上！"

我越想越害怕，奶奶就是在隔壁的小屋子去世的。她去世的时候，喉咙里含着一口浓痰——浓痰卡在里面吐不出来，咽不下去，她就那样窒息而死。母亲说，给奶奶换丧服的时候，她的喉咙里还一直咕噜作响。奶奶的身子，小小的，蜷在一起，像一只僵硬的猫。

一只猫从耳屋顶上轻巧地跃下，衔着从簸箕里偷来的鱼。那些鱼是我用订书针从池塘里钓上来的，全是手指长的小鲫鱼。经过一天的日头，都快晒干了——它们安静地躺在簸箕里，张着干枯的嘴巴。它们也是尸体，但我不害怕，我把它们当成了食物，当成稻米一样的植物型灵魂。

灶上煮的是新鲜的稻米。稻米白胖，清香，在锅里不断地翻腾着。饭开了，我兴奋地把灶膛里的火捣熄，然后用火钳将燃烧得通红的木炭放在锅盖上——希望借木炭的热量，把饭焐熟。

饭要熟了，我的任务完成了，可以蹲在池塘边，等父母回家了。地上的蚂蚁也要回了，它们排着队，不急不缓地往树下洞穴里爬。我喜欢用小棍子戳它们的脑壳，那是我永远也玩不厌的游戏。

暮色堆积在地上，厚极了。

我终于看到父母回来了。他们抬着打谷机，从山脚下走来了，在田畔上出现了……我眼尖，远远地就喊："妈——妈——"母亲的头瓮在打谷机的谷仓里，她答应的声音也瓮声瓮气的："哎——哎——"我奔跑起来，像一阵小风。我腿脚利索，手中的树枝也利索地摇晃着，发出呼呼的声音。蚊虫在我耳边飞舞，它们有些撞在我脸上，有些干脆就钻进鼻子里。

回屋后，母亲开始切菜，菜刀在砧板上温柔地扭动着。父亲坐在窗口抽旱烟，他粗粝的手指，正无比娴熟地卷起一支喇叭筒。灶上米饭的香气浓郁了起来，我内心的恐惧一下就散了。

我重新坐回灶边，往灶膛里塞着针叶松。

"放大柴，松毛毛有灰呢。"母亲要炒菜了，她把一口大铁锅架到了灶上。她说的大柴，就是柴堆里那些大块的木柴，有树根，有树干，当然，其中也有奶奶的床板木。

那些床板木因为年代过久，已经变成了黑色，边缘腐朽，燃烧的时候，像是带着奶奶腐朽的体温——我用火钳夹着它们放在灶里时，它们也会在灶里冒出一缕一缕蓝色的烟，然后升腾到漆黑的屋顶。屋顶太黑了，全是黏黏的柴灰，沾着油烟，就成了一种独特的脏烟灰，经常会往下落。

记得有一个爱干净的亲戚，是冬天，他到家里来，外面落了雪，他坐在灶边烤火，母亲烧的是松针，松针在灶膛里噼啪燃烧着，火极大，火苗舔到身上，热乎乎的。那个亲戚就一直拍打着肩膀——为了掸掉松针灰，于是，母亲烧了一天的火，他也坐在灶边拍了一天的灰。

奶奶去世后，她的木床就被劈成了木柴。她放床的地方，则放了一个谷仓。打开仓，稻田里的气息就会扑面而来，看，一家人的口粮，都在那里了。

然后，我吃着那些口粮长大。

　　长大了，就离开了。

　　在那个小村落之外，吃着稻米长大的我，三魂七魄一半守候故土，一半漂泊城市，用每天的暮色洗濯身体，并期待着它们汇合——是元神归位，也是颗粒归仓。

人生的美好
靠自己成全

○
○
●

余生漫漫，能和值得珍爱的人共度，
是福气，若只能一个人独享，
也不会有什么遗憾。

▶▷ 一个人应该
活得是自己并且干净

余生漫漫，能和值得珍爱的人共度，是福气，

若只能一个人独享，也不会有什么遗憾。

第一年。

结束一段很多年的感情后，她第一次来到这座城市。一个人，拖着巨大的旅行箱，在街边走到鞋子坏掉，像只狼狈的蜗牛，一点点地挪动壳和身体。好在城市足够大，人海汹涌，车马喧嚣，没有谁会去凭空关注你，一个人全部的悲喜砸进去，也溅不起一滴水花。

南方城市的春天，湿气极重，仿佛每一寸空气都有了重量，压得人透不过气来。

寸土寸金的地方，她的容身之处，是一间没有窗户的小屋子。一张床，就是全部的家具。墙上一台老旧的换气扇，也只是吝啬地从风叶间，泄露秘密一样地透出几丝光线。

每天清晨，为了在使用公共卫生间时能够稍微从容一些，她需要很早很早就起床。然后乘坐第一班公交，穿越小半个城市，去某座摩天大楼里上班。

没有相关的工作经验，就得从行业的实习生做起，薪水很微薄，但也勉强能养活自己，还不算太坏。

她工作很努力，经常加班到很晚。

有一次下班前，领导表扬了她。走在霓虹流动的街头，回首看着公司大楼时，她突然感觉，这座城市也不是那么冷酷得不近人情。

回家的路上，遇到花店正在打折，她给自己买了一束康乃馨，插在床头，清淡的香气很快溢满了整间屋子。

只是，关节炎的症状在加重，或许跟地域环境有关，整个春季的深夜，她的膝盖都在疼。就像蛰伏在身体里的小虫子都苏醒了，它们在骨头里拱来拱去，偷偷摸摸地撕咬啃噬，让人不得安宁。那样的时刻，她总是特别想把膝盖骨拧开，跟拧瓶盖似的，看看里面的零件有没有缺斤少两，或者干脆往里面倒杀虫剂。

不像在原来的城市，同样的病症，不一样的痛感——之前的疼痛，偶尔发作，却是沉钝的，像石头，或铅，灌进身体里，笨而重；而在这座季风性气候的城市，则变成了一种动物型的疼痛，狡黠得很，真是难以对付。

其实比关节炎更难以对付的是那些扑面而来的往事。

有人说爱情是件前人种树后人乘凉的事情，不经意间，她竟也成了那个种树的人。

原以为，自己会寻死觅活地对待——毕竟那样掏心掏肺地爱过，山盟海誓，百转千回，只差一纸婚书的感情，从大学到就业，七年的感情，岂能甘心拱手让人。

但是没有。在决定离开的那刻，她就清醒了，人心，变了就是变了，你付出再多的努力又如何，爱情是这世间唯一不可打拼的事情。

幸而工作可以。

很多时候，她都觉得自己像一个孤注一掷的赌徒，坐在生活的对面，红了眼地想赢回一些爱情之外的东西，而她的筹码，就是一颗年轻无畏的心。

第二年。

她升了一次小小的职，也加了薪，已经租得起带厨卫的单身公寓了。

搬家的那天，正值盛夏，阳光热烈得不像话。她拖着那只巨大的旅行箱，走在街道上，头顶的法桐树叶遮天蔽日的，浓稠的绿意把天空映衬得格外透明。

新的住所里有一张书桌，放在玻璃窗子前，淡紫色的窗帘堆在桌面上，像一团柔和的云。窗外有一株高大的香樟，细碎的枝丫间结满了苍翠的小果子，鼓鼓囊囊的，吸引着鸟雀们来啄食。

不用加班的周末，她会一点一点地往小窝里添置家什和物件。比如书籍，一本一本地码在书桌上，可以陪伴很多个夜晚。一些粗陶的花盆，是她在二手市场淘回来的，可以种植多肉。还有一个大大的枕头熊，憨头憨脑的样子，跟它倾诉再多的心里话，它也不会告诉别人。

工作依旧很忙碌，跟客户交涉，整理资料，做企划案，一切都要做到更好。

经常下班时已是夜深，所剩同事寥寥无几，在电脑面前起身，腰酸背疼地站在空旷的办公楼层里，俯瞰这座金粉奢靡的城市，川流不息的街道，彻夜不眠的霓虹，每天都有那么多的人怀着一腔热血勇敢寻梦而来，每天也有那么多的人在残酷的现实下默默铩羽而去。

有时，她也忍不住问自己，这样拼命工作是为了什么？是为了内心的骄傲，而去争那一口爱情之余的气吗？

或许是，或许又不是。

毕竟人活着，最终还是为了自己。

每天，乘坐早班地铁去上班，穿越密林一般的人群，世相百态，尽收眼底。与之擦肩的每一个人，口袋里都装着故事，那些故事，汇集成了城市的表情，于是，在与其对视的时候，便不会显得那么苍白无依。整装待发的上班族，拿着手机哼唱的少年，满脸皱纹的流浪者，目光如炬的背包客……

还有拥抱在一起的小年轻，肆无忌惮地拥抱，抚摸，女孩子涂着猩红的唇彩，在男生的脖颈处留下吻痕。

她想起自己的学生年代，爱情大过天的年纪，怎么炫耀都嫌不够。

那个时候，她会穿着打折的裙子，牵着喜欢的人，招摇过市，放声歌唱，柔声念诗，"你来人间一趟，你要看看太阳，和你的心上人，一起走在街上……"

如果有梦想，也不过是毕业后去他的老家，相夫教子，慢慢变老。那里有绵长的边境线，有大片的薰衣草花田，那里的阳光很充足，姑娘很貌美，小伙子的眼神深邃又柔情。她要给他生一大串孩子，天气一好，就系着花头巾带着一窝小崽子出来，在墙根美美地晒太阳，身后的牛羊很肥，花草正香……

他喜欢在街道上紧紧揽住她的腰，细致地吻她。头顶艳阳如火，她闭上眼睛，却听到骨头里水声澎湃。

那个时候，恋到浓时，生死无惧。

而如今，站在熙熙攘攘的城市中央，阳光普照，仿佛站立于宇宙的中央，时间流转，每个人都是一颗星，有的灿亮，有的晦暗，有的硕大如天灯，有的渺小如微尘。

她会饶有兴致地想，自己是哪一颗星？

至于那些原以为会刻骨铭心一辈子的爱，以为稍一牵扯便会伤筋动骨的回忆，不过隔了两年再想起，却已经觉得是很遥远的事情。

诚然，在这世间，生比死，更需要勇气；平静比欢愉，也会更恒久。

第三年。

她开始为自己做饭，不是单纯的果腹充饥，而是很用心地去烹饪。

在凉雾流动的清晨，去菜市场买新鲜的菜蔬，存放到冰箱。在灯火辉煌的黄昏，系上围裙慢慢地炖一锅羊肉汤，肥美的菌子，青翠欲滴的蒜叶，食物交杂的香气氤氲在小屋子里，玻璃上雾气蒙蒙，她一手拿着汤匙，一手捧着书，顿觉生活鲜美。

窗外的树叶，落了一次，又长了一次，她捡了一枚做书签，写下顾城的句子：

　　一个人应该活得是自己并且干净。

不觉间，来到这座城市，已经三年。

树叶落下会长出新的树叶，身体里的心，死去一次，也会长出新的心。

这个城市的冬天，是出了名的湿冷难熬。

夜间，她煮了花椒水泡脚，据说可以祛除风寒，虽然见效很慢，但只要坚持，就有意想不到的收获。是一位老中医告诉她的，她相信。

还有艾灸，每天入睡前，折一段艾条点燃，放在灸盒里面，再把灸盒绑到膝盖上，带着植物香息的热流可透过皮肤，渗入肌理骨髓，关节的疼痛真的舒缓了许多，后来竟渐渐察觉不到。

艾条是老中医亲手制作的，陈年的大叶艾，收敛了燥气，碾成细细的艾绒，加入药粉，用桑皮纸裹紧，卷好，再用糨糊封存。

她曾亲眼见证，老中医用艾灸的方法，帮一位姐姐纠正了胎位，让其顺利产娩出白胖健康的小婴儿。

那位姐姐，是她在这座城市认识的第一位朋友，曾在殡仪馆工作，有一双极温柔的手。

有一段时间，她失眠得厉害，姐姐来看她，她躺在床上，姐姐的指肚滑过她的太阳穴，犹如春水漫过心尖。

那一刻，她闭上眼睛，突然觉得，人世间好像有什么东西被自己遗落了，或许，正在寂静之中，在独自面对世界之时。

这几年，她也不是没有过感觉寂寞的时刻。

比如夜间摸索着起来倒水喝，水在喉管里咕咚流动的声音，沉闷又清晰，会觉得微微的寂寞。

感冒时蜷缩在被子里，想起工作中的被刁难，生活中的被辜负，心里冷寂一片。

在深夜归家的出租车上，年轻的司机给她点了一首歌，叫《三十岁的女人》，让她听到潸然泪下。她记得那个司机的样子，侧影清秀，声音略微沙哑，可城市那么大，她再也没有遇见过他。那夜的情景，像一个美丽的梦。

有一段时间，她喜欢上了一档网络电台的情感节目，主持人的声音很好听，清甜，不让人讨厌的暧昧，还有一丝丝的韧性，在暗夜里，向耳膜传递爱情的味道："我回忆完关于你的一切，犹如去赴最后一个与你的约会。而后天南地北，再不可能翻开。这几笔写完后，我就要钻进被子里面再梦一场，希望依然荡气回肠有笑有泪。"

她回味了很久，到底也是觉得寂寞的，好像站在真实又无法触及的风中，两手空空。

但生而为人，天生就具有修复能力。就像身体里的细胞，有着强大的再生功能，是一种防御的本能，也给你自愈的力量。

谁的生活不是百炼成钢？

谁的爱情不是久病成医？

你曾赐予我的软肋，在这时间与思念的熔炉里，千锤百炼，也终成铠甲。

后来，她不再失眠，也尽量不熬夜，不让自己生病，好好吃饭，爱惜身体，天冷了就加衣，工作到再晚，也要坚持泡脚做艾灸，然后敷一张面膜，让自己活得更体面一些。

一个人的状态，没有那么完美，也没有那么糟糕。

如同两栖动物，茫茫人海的外界，或是自成岛屿的公寓，在世界与个人之间，她已经可以游刃有余地切换。

如此，一年，两年，三年，或许，更久。

好在，二十七八的年纪，她的心里留存着少女的清洁，也早早获取了中年的自持，能够温柔地爱着自己，也可以坦荡地应对这个世界。

余生漫漫，能和值得珍爱的人共度，是福气，若只能一个人独享，也不会有什么遗憾。

夜色静寂，窗外飘起了雪花，光斑冉冉浮动在房间里。她倚在床头，想到圣诞节又快来临，明天要去商场给一个可爱的小朋友挑选礼物，也是一件愉悦的事情。

或许不久，又或许很多年后，她也会遇到一个人，他们之间，没有轰轰烈烈的山盟海誓的过去，却有踏踏实实的山明水秀的未来。每一个夜晚，都会拥抱着入眠，每一个清晨，都在期待中苏醒，他们一起为生活打拼，为彼此加油鼓劲，一起吃饭旅行，像旧友一样谈心。如果还没有老掉牙，就生个可爱的孩子，等他长大后，还可以跟他讲爸爸妈妈的故事……

夜渐深，她伸手熄了台灯，给自己掖好被子，就这样想着，笃定又安然地睡去了。

有心气，◁◀
才能以己为灯

　　有心气的姑娘，才能够以己为灯。自己有自己
的内核，站在黑暗中，才有清晰的方向。

　　青杨去广州给人做保姆的时候，我初中还没毕业。

　　她写信给我："其实我也是想读书的，和你们坐在课堂
里的日子，我现在还经常梦到。"

　　但她妈妈说："女孩子家，认得字就可以了，还不是要嫁
人生子，读那么多书做什么？"

　　青杨也不反驳，依旧每个月都寄钱回来。两百块的月薪，
有时寄一百块，有时是一百五，用纸包好，附带一封家书，
寄到村口的代销店。

　　她妈妈收了信，让我帮着念一念，大约就是"我一切都
好，做事不累，没有在东家受气，请爸爸妈妈多保重身体"
之类的话。她妈妈取了钱，藏进贴身的口袋里，又用零钞在

代销店买些日用品，顺便给我一些零嘴儿。

那个时候我以为，青杨的人生，也就那样了。

就像她妈妈规划的那样，给人做几年保姆，到了可以办身份证的年龄，再进厂打工，慢慢给自己攒点嫁妆，然后结婚生子，复制上一辈的人生。

然而并没有。

半年后的春节，青杨从广州回来，我去找她玩，坐在她的床沿上，她兴冲冲地跟我讲异乡的生活，那里有高耸入云的大厦，有咖啡厅，有外国人，还有图书馆……仿佛声音里也带着光芒。

青杨的房间，她只占了一张床，另一头就是火灶，堆了高高的柴火，烧水做饭都在那里，中间则支了桌子打麻将，吵吵嚷嚷的，吃牌和牌的声音一浪高过一浪。

我和她说起学校里的事情，有趣事，也有感伤的事。说起我在看小说，也试着写一些片段，成绩下降得很快，可能不会再继续上高中，但自己心里没有什么想法，不知道明天会怎样。

"随波逐流吧。"我用从一篇小说里看到的词总结道。

青杨托着腮，双腿一晃一晃地打在腐朽的床脚凳上，"可是，我觉得一个人必须要有自己的想法"，停顿了一下，她转身从床头的袋子里拿出一本厚厚的英语词典，"你看，我就想继续学英语。"

我接过书来，随手翻了翻，转瞬便觉得头大，"我完全看不进去"。因为即便是坐在教室里，我也没有办法说服自己爱上英语。

她说："我用的是最笨的方法，买了这本词典回来，一个单词一个单词地背，好在老师教过语法和音标，读起来不是太累……等到明年，我想再买个复读机，可以跟着磁带学习。"

那个时候我还是以为，青杨再努力，也不过是个会说英语的保姆。

就像大家打趣的那样，以后可以去给老外当保姆，操着一口土气的洋腔，把老外一个又一个的笑话带回来，正好成为牌桌饭桌上的消遣。

然而并没有。

一晃又是一年，青杨再回来时，我已经到县城上高中了。

那天，依旧坐在她家的床沿上，我把画夹竖在腿上，给她画素描头像，她则歪着头教我说广东话，我鹦鹉学舌地跟着一句一句讲，奇怪的发音不时把自己逗笑。

青杨说，学粤语是为了以后更好地找工作，自己没有学历，就必须学一些其他的本领，而且，必须是过硬的本领。所以她在出门买菜和接送小孩的时候，都会尽量和本地人对话，模拟他们的口型和发音，并随身带着粤语小册子，随手翻阅，随时练习。

我还看见她的床上，放着一页电脑键盘。

之所以是"一页"，是因为那不是真正的键盘，而是她自己用一页厚卡纸制作的，上面画满了按键，每个按键上写着字母，还有许多的笔画。

青杨告诉我，那是电脑五笔输入法的字根，"王旁青头兼五一，土士二干十寸雨……"她随口背起来，说东家家里有电脑，她很想学习，于是偷偷画下了键盘，又买了入门的课程，先在纸上练打字。

"要用电脑，就必须学会打字，只是，到了我这里，又成了一个笨方法。"她笑道。

我也跟着笑，但那时心里已经隐隐感觉到，青杨身上有一股在别的女孩子身上看不到的劲头。她想要去做什么，就会不顾一切地去做，而且，用尽全力地去做好。

就像很多年后，我想起青杨所用的那些所谓的"笨方法"，其实一点都不笨，相反，她很聪明，又很用功。

又聪明又用功的姑娘，运气怎会太差？

青杨很快去了附近的服装公司做办公室文员。

虽然只是一个跟单的文员，可是在几个老乡的眼里，已经是不可思议的事情。在他们眼中，青杨不过是一个初中都没毕业的小保姆，怎么就直接去了办公室，不是应该和他们一样坐在流水线上没日没夜地赶工才对吗？

青杨不解释，也不理会，只是每天下班后，雷打不动地去上各种各样的培训班。她越来越忙了，忙得连春节都没有回老家。

不久后，我也南下打工，路过广州去找青杨时，她刚好升了职，还在准备参加成人高考。

那天下班后，她陪我逛天河区，中信大厦的灯光照亮了夜空，在璀璨绚丽的街头，她拉着我的手大声地唱歌，一首又一首。

末了，她跟我说，想留在广州，想去很多的地方，想做很多自己喜欢的事情。

"你呢？"

我回答不上来。

那时，心里有关于文学的梦想，也有继续画画的愿望，但是现实摆在面前，我一无所有，又谈何未来，不过是走一步看一步罢了。

那时的我，更不知道，多年后，我会去写一本小说，而青杨的人生，却已经远胜于一部小说。

后来，我离开南方，漂泊于多个城市间，一年又一年，有时随波逐流，有时随遇而安。

其间，也会偶尔得到青杨的消息，换了岗位，升了职，拿到了大学文凭，英语过了四级，在学服装设计，做到了部门经理，不到三十岁，就获得了公司的股权，并创立了自己的品牌……

再也没有人觉得不可思议。

妈妈不再催促她结婚，哥哥们在家里商讨什么大事，也总会打个电话，且听一听青杨妹子怎么说。

她从家中最不受重视的小丫头，变成了一家子的主心骨。

前些年，我回老家，遇见了几个从前的同学，有人嫁给了村里的铁匠，生了一串孩子，每天在村口打麻将；有人嫁到了镇上，开了发廊，染着一头的玉米穗子，毫不脸红地和摩的司机说荤段子；也有人铆足了劲读书，考上大学，再回到县城做公务员，每日朝九晚五……

很多时候，我都想不起她们的脸。

于是又想到青杨，原来，她跟我们都不一样，是因为，她比我们都有狠劲，有韧劲。

所以，她有能力蜕变自己。

可是很多人，只看了她的"变"，却看不到那个"蜕"的过程——在暗无天日的逆境中活生生扒掉一层皮的苦，能承受的毕竟是少数。

承受不住的人，就只能做庸碌的大多数，棱角全无，光芒尽失，一天一天，复制自己，最终泯然众人矣。

　　青杨身上的那股狠劲和韧劲，也可以称之为心气。

　　男儿重血气，女儿贵心气。

　　有心气的姑娘，才能够以己为灯。

　　自己有自己的内核，站在黑暗中，才有清晰的方向。

　　其实，这么多年，她就是提着一口心气，一路咬牙扛着，才走到了今天。因为起点比别人都要低，所以很多时候，都必须付出更多的努力。有人一步就能走到的地方，她必须跟跟跄跄地走上十步，一百步，摔倒了，就再爬起来，哪怕还要走上一千步。

　　她所做的一切努力，不仅是为了有一天可以得到什么，比如，可以活得像一朵花，也可以活成一棵树；更是为了可以拒绝什么，比如，一种僵死的生活，或者一个封闭的世界。

　　几年前，我的人生曾陷入僵局，那个时候，很多朋友都曾给我打过气，而青杨，曾这样跟我说，一个人，再苦再难，也不能丢了自己的心气。

　　只要有心气，你就可以再站起来，重新出发。

　　有一句话说，扛得住，世界就是你的。

　　我信。

　　但我更信，扛得住世界的姑娘，用的不是力气，而是心气。

▸▷ 你努力了，
　　为何还是一事无成

不如回头一看，自己就是答案。

　　你十八岁了，仰着一张朝气蓬勃的脸，到省城上大学。你学习底子好，课程能轻松应对。课余时，你参加了几个社团，还进入了学生会。在一次活动中，你出色的表现，让很多同学认识了你，你好像凭空就多出了很多朋友，还经常受到盛情的邀请，生活也丰富多彩了起来。放假回家时，你说想要一台电脑，学一些设计方面的课程，父母一口就答应了，你很高兴，对自己的未来充满信心。

　　十九岁很快到来。开学的时候，你听到有舍友退学了，在校外卖烧烤，轻而易举赚到了人生的第一桶金。你有些触动，于是利用课余时间，和同学一起到校外的咖啡馆打工。薪水虽然不多，但也足够给自己添几套新衣服，买一些化妆品。那样的年纪，即便是地摊货也能穿得青春洋溢。你看着镜子里紧致无瑕的脸，开始憧憬爱情的模样。

二十岁那年，你成功追求到了一位优秀的男生。当他站在你的宿舍下喊你名字时，你噔噔地跑下楼去，像一只小鹿，投入爱情的丛林。你变得越来越忙碌，约会、兼职、社团、活动、考级……学习时间不够，课程也成了应付。男朋友生日的时候，你把攒了好几个月的钱拿出来给他买礼物，他抱着你在月亮下指天为证，你觉得一切都值得。

二十一岁，你第一次尝到了失恋的滋味。你不明白，为何好好的人心说变就变了。你学会了喝酒，很多天都闷在宿舍打游戏。有心仪的企业来校园招聘，名额有限，你发挥失误，被校友轻松比下去。你受到了打击，不甘心，决定临时充电，再去实习。临近毕业，你为了准备论文，挑灯熬夜，去上班时，站在公交车上也能睡着。

二十二岁的时候，你进入某家公司。公司开发新品牌，你成为运营团队的成员。品牌之路远比想象的更加坎坷艰难，你们很努力地奋斗，业绩却总是不尽如人意。你不知道是哪里出了问题，只是渐渐感到疲惫，心里也失去了最初的斗志。下班后，你常与朋友出去聚会、喝酒、泡吧，你曾喝得烂醉，在流光溢彩的城市中央，大声痛骂这个世界的白眼和耳光，狼狈和沧桑。

二十三岁时，你被公司解雇。原因很简单，品牌有了新股东，将带来新的团队。老板摇摇头：不好意思，我也无能为力。最终，原来的团队只有一人留下。无妨，你对自己说，正好想去北京闯一闯。有同学在那边租好了房等你，你一个人捧着各种证书北上，很快进入了一家广告公司。行业竞争何其激烈，业绩是戴在每个人头上的紧箍咒。不久后，因为你的疏忽，搞砸了公司的一个大单。你被骂得狗血淋头，当场崩溃。下班时，你站在天桥上，看着车来车往，心里迷茫而委屈。

二十四岁，你的本命年。网上有人晒出了最具情怀的辞职信："世界那么大，我想去看看。"某个周末，你还在公司加班。你心绪很乱，迟迟不出效率，老板就差拿着鞭子催促。你心里一横，决定给自己一场说走就走的旅行。第二天，你递交了辞呈，头也不回地走出了大门。那一天，你的同学在出租房等你，条条框框，苦口婆心，劝你不要轻易放弃，不要轻易离开。你笑了笑，人活着，就应该任性一点。

二十五岁即将到来的时候，你在回家的长途汽车上醒来。窗外秋色延绵，你打开朋友圈，有人升职加薪，有人结婚晒娃，夹杂着各种各样的幸福。而你被隔离，像个局外人。你默默地关闭了手机。汽车一阵颠簸后，进入小镇。你想给家里买点东西，身上只剩下一把零钱。你推开家门，桌上摆着一碗咸菜，妈妈坐在旁边，脸上布满与年龄不相称的皱纹。生日那天，爸爸烧了一桌子菜为你庆祝，不断给你夹菜，他长期在工地做事，一双手长满了老茧。是夜，你躺在床上，想起十八岁那年，父亲带着你去省城交学费，吃饭的时候，你点了一份KFC，他舍不得吃，全推给了你。那一刻，你在心里暗暗发誓，一定要出人头地。而此时，你仰起脸，泪水已决堤。

"我努力了，为何还是一事无成？"你问。

你曾努力地融入新环境。你参加社团，组织活动，和天南海北的同学打成一片，人缘越来越好，邀约越来越多。可是，你有几个晚上在教室里看书，你有多少时间，真正花在了学习上？那年寒假，家里用血汗钱给你买了电脑，你也报了设计课程，可结果，你又逃了多少节课？

你曾努力地周旋于学业和兼职。在最应该静心学习的时候，你偏偏要到咖啡馆打工，只是为了几身新衣服和几套化妆品，为了满足一时的虚荣。浪费了那么多时间，消耗了那么多精力，却不懂什么是真正的自我升值。

你曾努力地应付学习。时间不够，逃课漏作业是难免的事。你依靠老师总结的重点和同学的笔记，彻夜不眠地临阵突击，为蒙混过关的小聪明感到沾沾自喜。你不知道，到了社会，没有人会为你总结重点，没有人会借给你笔记，每个人都是埋头奋进。优胜劣汰，那些蒙混过关的小聪明永远上不了真枪实弹的大场面。

　　你曾努力地讨好爱情。你们在一起，做了很多浪漫的事情。他家境不错，也愿意为浪漫花钱。但是那句话怎么说来着，恋爱就像吃巧克力，你不必花买巧克力的钱，却总要花减肥的钱。为了匹配上这份浪漫，你必须努力地掩饰家境，努力地花费各种心思……你真的不累吗？

　　那次校园招聘，你以为自己是发挥失误，却不知别人在背后付出了多少。你为自己熬夜准备毕业论文而感到悲壮，却不知这世间的成功，除了努力，没有任何捷径可走，你曾经偷过的懒，总有一天，要用更多的眼泪去偿还。

　　然而你还是不够努力，或者说努力的时间还不够长。工作时，你不能改变现状，又无法承受想象与现实之间的落差。在浮躁的心态下，你消耗着自己的青春，在"世界就是不公平"和"我不屑与此为伍"的借口里苟且偷安，浪费生命。

　　你不明白为何原来的团队有一个人可以留下，她不过资质平平啊。可你的老板没有告诉你，团队换血的消息在公司传开后，半个月的过渡时期里，只有她，在一如既往地做着手头的工作，兢兢业业，恪尽职守，等待着与新来的人员交接。而其他人呢，"反正都要走掉的"，有些得过且过，有些干脆"请假"，却不知道，她能打动老板的，正是坚持到最后的那点耐力，还有善始善终的那份品格。很遗憾，你正是其他人中间的一个。

蝴蝶效应这回事，除了气象，同样适应于我们的生活。你感叹世界的残酷时，有没有想过，如果当初可以少逃一节课，可以多学一学英语，就不会因为理解错了一句话，从而搞砸了一个订单，然后失去老板的信任。在这个世界上，谁都没有义务去包容你迁就你，再多的证书，如果没有真才实干，不过是一张张自欺欺人的废纸。

你觉得，人活着，就应该任性一点。世界那么大，你想去看看，只是你没有看到，那么多风光与笑脸的背后，藏有多少艰辛与汗水。自己努力赚来的钱，怎么花都踏实轻松，如若不然，说走就走，就是好逸恶劳的借口。是的，每个人都有选择生活方式的自由，但前提是，你是不是具备了承担结果的勇气和能力。如果没有，那就必须为自己的幼稚埋单。

你曾青春年少，你曾自命不凡。你曾为一个男生虚情的拥抱感动，也曾为父母的几句叮嘱厌烦。你曾挥舞着梦想在陌生的城市行走如风，你也曾跌落在现实的泥淖里无法自拔。你曾咒骂过命运的不公，你也曾觉得自己很努力。

而真正努力的人，却不会觉得自己很努力，更不会抱怨命运的不公，一再地被自以为是蒙蔽了眼睛。他们活得清醒，也活得温润，他们有方向有坚持，有梦想有担当。他们不遗

余力地扎根当下，积累自身的养分，他们耐得住寂寞苦寒的
岁月，更有宽宏坚韧的内心。

　　"我努力了，为何还是一事无成？"
　　不如回头一看，自己就是答案。

女人的美好内核 ◁◂

少女心，不是贴给别人看的标签，而是一个女人的美好内核，勇气的能量场，与世界温暖相处的姿态。

S说："人人都想做自己的女王，我却想做自己的少女。"

十三岁，坐在被窝里用针线改良妈妈留下的旧棉衣，掐上腰，衣摆处缝上小小的毛线花，于是，再寒冷的冬天，也能穿出夏花的明媚。

十四岁，和小镇上的女孩子偷偷地去水库学游泳，差点呛死，爬上岸后，躺在草地里看漫天的云霞，心潮起伏，却没有惧怕。

十五岁，一个人骑着单车去城里看《泰坦尼克号》，回来时在星空下张开手臂哗啦啦地飞驰，夜风鼓荡，我心永恒。

十六岁，与欺负同学的小混混打架，随手抄起的一块砖头，让爸爸赔了几个月的工资。

十七岁，暗恋一个人，鼓起勇气去表白，对方一句"考上某某大学，我在那里等你"，一年时间，让她的成绩从班上中等，飞跃至全年级前十。

十八岁，在火车上迎来自己的成人礼，背包里放着一本三毛的书。她喜欢那个直率又浪漫的女子，为了寻找心中的橄榄树，曾以梦为马，万水千山走遍。

她的书桌上，摆着一张泛黄的照片，清瘦的女孩子，扎着马尾，靠在一辆单车上，头顶是葱茏的树影，脸上是明亮纯真的笑容，眉目间藏着英气。那是她的少女时代。

如今，她的脸上，已经有了些微的岁月痕迹，但气质上依旧完好地保留着少女的率真和勇敢，就像拥有了一种坚定有力的能量，不会因时间的流逝而消减涣散。

就连她的声音，也保持着青春年代的清亮甘甜，时常会让我在挂掉电话后恍惚一下，是不是时光倒流了——绵长的黄昏，流云飞渡，隔壁的女孩子正约我去县城看电影，说着某个明星，又出了最新的卡带，我们一定要去买一盒。

她是我记忆中也是生命中永远的少女。

热爱生活，不怕失败，相信爱情。

从十几岁到几十岁，都一样。

这些年，很少有人知道，她光鲜工作的背后，摔过多少跟头，因为有时候，她自己也会忘记。"你看，还有那么多的未来等着我去征服"，她的表情，则让我想起，她那年备战高考时的狠劲，勇往直前，永不服输。

然而，并不是每一个人都有能力守护好自己的少女心。

比如我，十几岁学单车，怕摔，现在，还是怕摔。

十几岁学游泳，怕死，现在，还只能狗刨。

三十岁一过，就恨不得每天往自己身上贴一个标签，叫嚷着："唔，我老了。"

S 说："你啊，少用这个'老'字为自己开脱。"

一语中的。

是啊，不过是开脱。

你说你老了，不是不行了，不能了，而是不愿了，不敢了。

你相信自己老了，你就真的老了。

这不是自嘲，而是自欺。

某位女演员有一句话："保持对生命的好奇和信任，需要更大的能量，正是因为冷，所以才努力保持温暖。"

她能做一辈子的少女，不是因为娇美的外貌，玲珑的身材，也不是满腹诗书的才华，而是她一直在努力，像少女时代一样，从未放弃过让自己拥有守护单纯和诗意的能力。在冷漠而残酷的世界里，她活得明媚、英武、果敢、善良，活成了自己喜欢的样子，不惧怕旁人的眼光。

因为她的内心里，有一枚温柔有力的少女核。

记得从前看电视，五十几岁的女演员演一个十几岁的少女，眼神里绽放出来的光，竟无一丝沧桑和疲态。

那不就是少女的眼神吗？明亮，干净，灵敏，无所畏惧，对外界永远保持着期待。

那也是珍珠和死鱼眼珠的区别。

而很多的演员，演得连自己都不信，妆容未老，心就先认老了。

在心里过不了自己那一关，观众自然不会信服。

什么是少女心？

"如果我会发光，就不必害怕黑暗。如果我自己是那么美好，那么一切恐惧就可以烟消云散。"

少女心，不是贴给别人看的标签，而是一个女人的美好内核，勇气的能量场，与世界温暖相处的姿态。

你守护它，它就可以滋养你的容貌和精神，从而不必假借外物，就能自带光芒。

10000 小时定律， ◁ ◀
让世界多出一条路

在这个文字的世界里，我是追梦者，是造梦者，也是售梦者。

葛拉威尔在畅销书《异数》中指出："人们眼中的天才之所以卓越非凡，并非天资超人一等，而是付出了持续不断的努力。只要经过 10000 小时的锤炼，任何人都能从平凡变成超凡。"

10000 小时，如果按照每天三小时的投入来换算的话，大约就是十年的时间。

我想，能把一件想做好的事坚持十年以上，即便不能成为天才，也足以开启另一番人生。

换言之，你或许不能多出一个世界，但你的世界，一定会多出一条路。

那一天，我无意间看到了自己很多年前写的文字，是一篇网络日记，流水账的形式，记录了在网站连载小说的事情。没有框架，没有准备，纯粹是一时兴起，却幻想着实体书可以横空出世。

只是，在没有实力的情况下，这样的一时兴起不过是一文不值，就像是手里没有几块砖的人，却想着要盖一幢大厦。

那个时候，认不清世界，更看不清自己。

直到遭遇了大大小小的挫败之后，才痛定思痛，原来写作这条路，我并没有多少天赋。

于是我问自己，这条路，你真的要继续走下去吗？即使永远不能发表，不能出版，没有同伴，没有观众？

是的，我选择继续走下去。

告诉自己，你不要急着去证明什么，先静下心来，诚心地学习，阅读，思考，练笔，摸索，磨砺，积累，充实，沉淀，一样一样来，别偷懒，因为你不是天才，这条路也没有捷径。

比如，读一本经典的书，是泛泛地读，过目即忘，还是细细地啃，回味，消化，并从中汲取营养，生长成为自己的骨骼和血肉？

就这样，过了两三年，我在网络上也留下了十几万字，其间断断续续地往报纸杂志投稿，但大多都没有回音。

有一次，与朋友小聚时，有幸认识了当地纸媒的一位姐姐，她向我要联系方式，说可以交给副刊的编辑。记得当时我去吧台找服务员借纸和笔，写邮箱的那刻，手指都是颤的。

又慢慢在一些知名期刊上发表文章。接着跟人一起出合集。再有出版人来联系，跟我约了第一本书稿。接下来，是第二本，第三本……

那些书，就是我写作之路上的十年。

在那十年的时间里，我做过很多份工作，经历了很多事情，生活状态和个人心境，也都有了很多的改变。

唯独没有改变过的，就是写作。

杜拉斯曾说："如果我不写作，我会屠杀全世界的。"

我想，如果不写作，我便不是今天的我。

也许，会是一个批发部的小老板，为了多争取一个客户，挖空心思地压低利润，并往纸箱里放槟榔和糖果。

也许，会是一个比较称职的文案，绞尽脑汁地做 PPT，挖掘一件内衣的十种差异化。

也许，会是一个普通的家庭妇女，老公孩子热炕头，简简单单过一生。

当然，如果真是这样，也没有多么不好。

但终究还是感觉少了点什么……

> 愿所有美好,与你温柔相拥

在给自己找定位的时候,我也曾问自己:

你在做什么?

你能做什么?

你想做什么?

如果答案是一样的,那么恭喜你,你终于找到了自己的坐标,且值得为这个目标奋斗终身。

那天在群里看一些作者聊天,话题大约就是,写作给你带来了什么?

有人说,写作是迷恋,是拆穿,是探采。

有人说,写作是生命中的光。

有人说,写作是为灵魂找到一个出口。

有人说,写作是赚钱的另一种途径。

有人说,写作是梦想。

——而对我来说,写作应该是获得了一个多元化的内心世界。在这个文字的世界里,我是追梦者,是造梦者,也是售梦者。

对热爱之事物的心跳,无可比拟。

无论身处怎样的环境,文字让我的心,永远年轻。

有时,也会有小姑娘写私信来问我,如何提高写作的能力？

　　其实答案大家都知道，就像很多人都知道这个"10000小时定律"一样。但知道且会去做的人就不多了，然后，去做的人能坚持做下去的，就更少了。

　　而且，很多人都会忘记，其中提到的那个词——锤炼。

　　千锤百炼方成钢，一分辛苦一分才。

　　从古至今，都一样。

　　从前，我很喜欢李商隐的诗，觉得他应该是属于梦吞丹篆的那一类人，但有次查资料时却看到，他平时写诗，其实是在屋子里摆满了资料的。为了查找一个典故，并将其恰到好处地镶嵌融合在诗句里，经常要翻阅堆积如山的书简，书简摊在地上，就像"獭祭鱼"。

　　吴淡如的书里有一段写她如何坚持写作，说的是受林清玄的感召，每天至少写两千字，把写作当成生活的一部分。因为林清玄曾告诉她，自己每天都会写三千字。

　　所以，当一件事成了生活的日常所需，你将再也不会有什么自我感动式的悲壮，当然更不会感觉辛苦和愁闷，一切源于情愿，就像洗脸刷牙吃饭一样，你总会做得娴熟又自然。

　　而10000小时定律，无疑就是一把戒尺。

　　长路漫漫，高山仰止，当我想要偷懒时，可以用来自量，自知，自勉。

二十弱冠，得见自己。

三十而立，得见天地。

四十不惑，得见众生。

下一个十年，我等着你。

活出 ◁◂
自己想要的模样

对自己信守承诺的人，理应被这世界尊重。

午后的阳光暖得像老友的问候。我盘腿坐在阳台上，听橘子弹吉他唱歌，从 *Vincent* 到《那些花儿》，一首又一首。

橘子坐在我的对面，剪了个短发，小刺猬似的，我觉得很有趣，就伸手去够她的头顶。那一根根头发精神抖擞，扎得手掌痒痒的，心里却是温软一片。

最初认识橘子的时候，她还是个大学生，我父亲生病做手术，正好和橘子奶奶一个病房。

橘子告诉我，在她的家乡，漫山遍野都是橘树。她是个幸存的难产儿，一生下来就没有了妈妈。奶奶抱着她，看着门外累累的柑橘，顺口就给她取了名字。

橘子在奶奶身边长大，奶奶就是她最亲的人。但是等橘子长大了，奶奶就老了，这样那样的病，也全都找上门来了。奶奶生了病，舍不得花钱，先是在家乡找赤脚医生，又到镇上的诊所，谁知病越治越重，最后，竟要上市里的大医院。

手术后的奶奶躺在病床上，心疼医药费，也心疼孙女，跟我说橘子小时候的事时，总忍不住叹气："人老了，真是个拖累。"

橘子就逗奶奶笑，跟她讲学校里的趣事。虽然奶奶听不懂，但她看着孙女高兴，她也跟着高兴。

橘子在市里的一所师范学院读书，那次专门请了假过来照顾奶奶。没事的时候，她也从不闲着，把包里的书拿出来写写画画，"就要考试了，我想再加把劲，争取考个好成绩"。

有天清晨，我看到她坐在窗边背诵英语单词，声音压得很低，一句一句，像山溪滑过耳鼓，让人心生柔情。乳白色的晨光打在她的身上，仿佛她那小小的身体里蕴藏着无尽的能量。

橘子说："奶奶告诉我，人的力气是花不完的。你看，吃饱喝足，一天醒来后，整个人又是新的，又获得了新的力气。"

还记得橘子奶奶出院的前一天晚上，我和橘子躺在陪护床上聊天，鼻子里满是消毒水的味道，心里却盛着希望和暖意。那种感觉，有些像同一辆列车上的旅人，在暗夜里相互陪伴，天亮时就要各奔东西。

那天夜里，我得知橘子爸爸在她很小的时候就出去打工了。每次回来，他都会给小橘子带很多礼物，还会把她抱起来，顶在脖子上，满村子地晃悠。一直到橘子十岁那年，爸爸在外面入赘安家，后来就很少回来了。有一次，爸爸带着那边的阿姨和弟弟回来，偷偷给奶奶塞钱，脸上那种愧疚又担心的神情，让她一辈子都忘不掉。

"那次爸爸走后，奶奶哭了好久。"

"抱歉啊，惹你伤心了。"

橘子微笑起来，用平静的语气轻轻融化了尴尬："没有关系。我不提爸爸，其实是怕奶奶伤心。我理解他的难处，他胆小懦弱，但不是个坏人。小时候他买给我的礼物，我每一样都留着。而且，我现在也长大了，可以赚到钱，也可以照顾奶奶。生活很好，我很知足。"

那天晚上，我们聊了很久。在她的回忆中，似乎很多旁人无法承受的生命之重，都被她轻盈的一句话带过去。如此，也让我愈发觉得，这个姑娘身上有着与同龄人不一样的品质。

那年冬天，记得是快要过年了，有天夜里我去逛步行街，路过一家专卖店时，居然看到了橘子。

她借着橱窗的灯光，摆了一个小地摊，卖各种各样的水晶饰品，手链，耳环，还有毛衣链。其中属耳环款式最多，一对一对挂在一棵小小的铁树上，五颜六色，叮当作响，在霓虹下发出绚丽的光芒。

看起来她的生意很不错，一下卖出若干手链和耳环。

我绕至她的身后，拍了拍她的肩膀："嘿，需要我帮忙吗？"

我就那样和她一起蹲在地上，给年轻的女孩子们试戴耳环。她们身上有好闻的青春的气味，说说笑笑间，竟也收获了一堆简单的快乐。

后来行人渐少，橘子顺势收摊。她提出想请我吃点东西表示感谢，我要了一碗莲子羹，咕噜下肚，浑身热气腾腾。她点了奶茶和千层饼，腮帮子撑得鼓鼓囊囊，迫不及待地告诉我："姐姐，我刚才粗粗算了一下，今晚我赚了一百多块！"

"可是，这样会不会太辛苦？"

"人只要心甘情愿做一件事，就不会觉得辛苦。"

橘子坐在我的对面，眉眼闪亮，说她如何去批发市场拿半成品回来制作饰品，说她被城管逮住的经历，也说她做过的兼职拿过的奖……在她端起奶茶杯时，我看到她的指尖上，裹满了创可贴。

分开时，我们在街边互留了联系方式，"青山绿水，来日方长"，橘子哈哈大笑。

公交车到了，她赶紧跳上去，又把脑袋从窗子里伸出来，狠狠地朝我挥手再见。我站在街边，看着车子渐行渐远，心头蓦地一热。那一刻，我开始深深地坚信，这位美好乐观的姑娘，未来一定可以活出自己想要的模样。

几年前我搬家到另外一个城市，临走时橘子来送我，那时她已经大学毕业，在一所私立学校教英语，同时还在两个培训班兼课。

我们在茶馆见面，她穿了风衣，化了淡淡的妆，整个人都有了知性优雅的美。待见了我家小孩后，又立即童心熠熠，眉眼弯弯。

喝茶时，她有些不舍地问我："你会在那边定居吗？"

我故作潇洒："不知道啊，这么多年漂来漂去的也习惯了。最后停在哪里，也已经无所谓了。"

她说："姐姐，有家人的地方，就是家。"

我若有所思。

她又告诉我："我正在学吉他，想把儿时的心愿，一件一件地实现……等你下次过来，我就弹曲子给你听。"

"好啊。我无比期待。"

我相信。

我也知道，这不是一句普通的客套话，而是一个约定，一份承诺。是我们之间的，更是她与自己的。

就像每次和橘子聊完，我的心情都会很开阔。

她虽喊我姐姐，但是在很多事情上，我觉得她足以成为我的老师。在我向她诉说生活的一地鸡毛时，她却总是能以几句轻描淡写的话，帮我化解心中块垒。

在生活面前，她是懂得举重若轻的人。

时隔数年，我坐在橘子家的阳台上，推开窗，就能看见沅江。江水穿城而过，流向更遥远的地方。

我身边的好姑娘，喝着咖啡，眉目安然。厨房里飘来大骨汤的香气，奶奶哼着不知名的小调正在切葱花，一只老猫围在她的裤腿边，鞍前马后地转悠。

我知道，这样的场景，曾经是橘子的一个梦境，她用了很多年的时间，来一点点地铺垫，一点点地积累，一点点地实现。

她曾说要把儿时的心愿一件一件地拾起来，便真的那样去做了。弹吉他，画画，游泳……还带着奶奶去很多的地方，看很多的风景，听很多的故事，见很多的人。

她曾说，不能做让自己看不起的人，活着，就是要发出自己的光……

对自己信守承诺的人，理应被这世界尊重。

这世上，每个人都有自己的生命轨迹，如夜空中的星，如灯下的尘。

只是，无论你做着什么样的工作，身处什么样的环境，和什么样的人交往，都应该秉持内心的信念和明澈，有方向，有力量。

然后，活出独一无二的光芒，给自己喜欢。

梦想清单　◁◂

我也曾经把梦想两个字背在行囊，写在手心，
希望可以带着它们在远方的每一寸空气里肆意挥动。

在电影里，病重的熊顿说："我突然意识到，劝别人我比谁都拿手，但很多自己想干的事，却只停留在嘴上，等到想去做的时候才发现，其实从来不存在来不及这回事，在梦想面前，一切都是借口。"

于是，她列出了自己的梦想，也是人生中最后的清单，并一个一个地去完成：

听一场摇滚，和耳朵一起一醉方休；

喝一圈烈酒，让酒腻子们闻风丧胆；

开一场 Cosplay Party，二次元万岁；

摸一下大蜥蜴，我熊胆威风凛厉；

吃三斤驴打滚，翻滚吧肠胃；

飙一把摩托车，成为风驰电掣的女王；

见一下微博红人，感受马伯庸亲王的慈祥；

至少学会一样乐器，为喜欢的人弹；

种一次昙花，守望着它盛开；

做一桌丰盛的晚餐给爸妈，哪怕色不香，味不美；

来一次夜钓，吸取月光静谧的能量；

仰望喀纳斯的星空，寻找属于我的星座；

沐浴漠河的极光，感受它的神秘；

去山顶看一次日出，然后大喊滚蛋吧！肿瘤君。

至今我还记得看完《滚蛋吧！肿瘤君》从电影院门口出来时的情景，月色无边，城市寂静，回想起熊顿去世前的那些梦想清单，心中思绪像是被某种力量揉成了一团，转瞬即勾起连绵的眼泪，抹也抹不干净。

一个人走在空旷的街巷，突然就想问一问自己，如果生活中可以多一些勇毅，那么生命里是不是就拥有了多一点的可能……

我的手里，除了掌纹，还有什么？

我的心里，梦想的炽热，是不是还可以卷土重来？

我的脚下，正在走着怎样的一条路？

想起前不久见过的朋友栗子，从一百四十几斤，扎扎实实地瘦到一百斤，穿上新买的裙子，可与时尚模特媲美。在收割一茬茬羡慕目光的同时，她的心境也发生了全新的改变，她变得更自信了，也变得更坚韧了。

同事们问起来，她浅笑盈盈地回："不过是健身。"

确实，那么多嚷嚷着要减肥的人，谁人不知道，不过是健身。可又有几个人能去做呢？又有几个人，能去坚持做呢？玲珑有致的身材，健康轻盈的身体，全面刷新的生活，谁不想要啊，只是她把手掌摊开在众人面前时，大家都不说话了，手心一层厚厚的茧，像勋章。

我见过一个摄影师的手，指节纤瘦，掌心温软，每一道皮肤肌理中，都藏着时光的风情。她的手，冲印过无数的笑容，也定格过最美的星空。她的手，拥抱过西伯利亚的风，也梳理过母亲的白发……当相机遮住脸部的时候，她的手就成了她的另一张脸，有了表情和气质，可以与人心交流。

她说，人要自己给自己使命感。

从十几岁的时候第一次拿起玩具相机给邻居家的小孩照相，到现在走过十几个国家拍下无数的面部表情，她的使命感，一直没有变过。

使命感，也可以是一粒种子。当初，她将它播种在了心里，如今，已经有了茁壮的根基，敌得过世事变迁。

　　我也曾经把梦想两个字背在行囊，写在手心，希望可以带着它们在远方的每一寸空气里肆意挥动。

　　也曾经把双手插进口袋，等待了又等待，一屁股坐进沙发里，掂量了又掂量，然后对自己说着一个又一个"我害怕"，"我不行"，"来不及"，"算了吧"。

　　再然后，很多很多的事情，就真的成了"算了吧"。

　　如果不去实践，不去坚持，梦想，永远都只能是两个轻飘飘的汉字，写在手心，或挂在嘴上，经不起任何风吹雨打。

　　时间会一次又一次地洗牌，岁月会一次又一次地过滤，再闪闪发光的想法，也会一层又一层地慢慢褪色，慢慢风干，最后消散在记忆里，一丝一毫都不剩。

　　于是再一次问自己，活了三十余年，如今的你，还能一点一点地捡起曾经的梦想吗？

　　能。

　　只是，心境不一样了。

　　二十岁的时候，你不会因为得到一辆单车而彻夜不眠；

　　三十岁的时候，你不会再为一个人的演唱会而激动到大哭；

　　四十岁的时候，你拥有了曾经想要的很多东西，却发现自己早已失去了欢呼雀跃的能力。

那么，趁热血还在沸腾，不如现在想做什么，就奋不顾身地去做吧。

不要让未来的你，嘲笑现在的自己。

那天回到家后，我在笔记本上写下一份梦想清单，也是我给自己定的五年之约。

这个过程，将不再有从前的"等一等"，"再说吧"，"我不想"，"来不及"；只有"我想做"，"我要做"，"我在做"，"我可以"。

四十岁之前，我会把这个清单全部打上小钩钩，那时，我也会收获一个全新的自己：

1. 学会真正的游泳，和狗刨说再见；

2. 学会弹吉他，在春天的花树下轻轻地弹唱；

3. 读完一百本书，做好笔记，慢慢消化；

4. 看完一百部电影，做好笔记，慢慢消化；

5. 每个月至少去爬一次山，无限风光在险峰；

6. 每周至少晨跑一次，生命在于运动；

7. 每周学一道新的菜式，然后做给家人吃；

8. 每年寒暑假带小屁孩们去旅行一次，给她们拍下照片；

9. 写一本长篇小说，得到自己的认可；

10. 完成一个剧本，不管能不能搬上银幕；

11. 给自己一间独立的书房，偷半生与书为徒的日子；

12. 克服心理障碍，做一次大型演讲；

13. 在夜间坐一次热气球，体验手可摘星辰的浪漫；

14. 去海边补一套婚纱照，趁年未老色未衰；

15. 翻修老家的房子，给中年后的自己留一处桃花源；

16. 重拾画笔，梦想没有来不及。

生活如书，◁◂
你的故事写到了哪儿

生活如书，如果不想被人任意篡改，那就必须把笔掌握在手中。

很小的时候，我曾以为，我的村庄就是全部的世界。

在这个世界里，只有一门语言，就是村里的方言；这个世界里，也只有一种小女孩，都是和我一样，冬天挂着鼻涕，夏天光着脚丫，浑身脏兮兮的，漫山遍野地疯跑，爬树，摘野果，放牛，打水漂，玩泥巴，将村里代销社的酸梅粉视为至尊美味。

直到那年夏天，我从未见过的姑妈带着她的女儿回来，见到她们之后，我才知道，原来山的那一边，不是山啊，而是更大的世界。那里有高楼，有霓虹，有汽车，有电视，还有很多穿着漂亮衣服的小女孩，她们说一种"叫普通的话"，她们不爬树不放牛不玩泥巴，她们吃面包和巧克力，干净又有礼貌，就像是生活在童话书里的公主。

穿着公主裙的表姐比我大三岁，那时候她已经上小学了，会认很多字，会念很多古诗，会唱很多歌，会讲很多故事，还会弹钢琴。

"弹钢琴，就是这样，把手指放在琴键上，do、re、mi、fa、sol、la、si 、do、si、la、sol、fa、mi、re、do……七个音，不停地变啊变，就能弹出各种各样的曲子，这样，这样……"

表姐给我做示范，她端正了身体，脸上有一种愉悦又虔诚的表情，然后抬起双手，屈起手背，指尖在空气中不停跳跃着。我在一旁看得痴迷，月光透过枝叶，落在她的眼睛里，亮晶晶的。

寂静的乡村夏夜，远处的山色朦胧而温柔，稻香浮动，蛙鸣沉沉，萤火虫贴着墙脚飞舞，月亮大得好像要掉下来。两个小女孩并肩坐在歪脖子老树下，尽心尽力地交换彼此的生活记忆，一个小女孩对外界新奇的认知，也正被另一个小女孩一点一点地打开。

"每个女孩子都是公主，等我们长大了，就会有王子骑着白马，带我们离开。"

"我没有白马，不过，我有大水牛！"

在爸爸的帮助下，我和表姐终于可以同时骑在牛背上，一路晃晃悠悠地走向对面的山野。壮实的老水牛性情很温驯，只顾低头吃草，嘴角不断泛出青白色的草沫。我们在野风四起的山坡上轱辘轱辘打滚，对着天空大声唱歌，歌声可以飘到山的那一边去。

不远处，几个光着膀子的男孩正在打水漂，他们手中的瓦片熟稔地擦破轻薄的水面，荡起一圈一圈的涟漪，他们的声线，已经渐渐粗壮起来了，看到穿着白色公主裙的女孩子，会交头接耳，然后情不自禁地脸红。

那些日子里，我们每天厮混在一起，上山捡柴，下水摸鱼，疯玩打闹，全然不知世事深浅。快要开学的时候，姑妈来接表姐回去，据说，她们要到一个更远的地方去。我很舍不得，可又不懂怎么挽留，只能死死地抱着门口的歪脖子老树，不停地抠它的树皮。

表姐走的时候，把她的公主裙和童话书都留给了我。走在乡间小路上，姑妈牵着她，她走一阵子，又回头来看一下子。

不久后，我也该背着书包进学堂了。我的头发依旧枯黄稀疏，身材依旧瘦小贫瘠，常被班上的男同学捉弄。他们笑我是黄毛丫头，我就和他们扭在一起打架。在家的时候，我会经常翻看表姐留下的东西，会很想念她，也会想起姑妈和大人们说的那些我们听不懂的怪话。

但是我知道，不管世事是恒常还是变幻，世界是丰盛还是简单，只要是个小孩儿，就会在暗地里努力地盼望，盼望自己快些长大。

后来，我终于长大了。长大后，我也跟很多人一样，逃离了村庄，去到外面的世界，看更多的人和风景。

那个时候，我也才知道，原来在这个世界上，只有长大和老去，才是不用努力就能轻易做到的事情。

再后来，回家时，会断断续续地从亲戚口中听到姑妈的消息，她离了几次婚，又结了几次婚，带着女儿辗转了很多的城市，做过很多的工作……那时，我总是不断地追问，那我表姐呢，表姐呢？

不知道啊，不知道。

2009 年的早春，也就是在我和表姐分隔整整二十年后，我带着女儿回家看父亲，没想到，会再见到姑妈和表姐。今夕复何夕，共此灯烛光，眼角有了皱纹的姑妈，抱着她的老哥哥，泣不成声。

是夜，我和表姐躺在老屋的雕花床上，细数对方不曾参与的二十年岁月，窗外是儿时的月光，依旧清洁透亮，仿佛从未改变过。

只是，曾经的放牛娃，漂泊多年后，已经为人妻母，即将在离家乡不远的小地方，安营扎寨，从此守着一份平实的小日子以及并不出众的小梦想，慢慢地度过余生。

曾经的小公主呢，她用了将近二十年的努力，终于要在这一年的夏天，牵手她的王子，走进婚姻的殿堂。

　　她告诉我，从小学到高中，她一直都在很用功地念书，很用功地练琴，从来不敢偷一点点的懒，因为寄人篱下，总不能让妈妈为难。那些年，她转了好几次学，但是不管在哪座城市哪所学校，她的成绩，总是名列前茅。上大学时，通过自己的努力，她每年都能拿到奖学金，课余时间，她则去当家教，尽量不花妈妈的钱。后来，她又出国留学，拿到了各种各样的证书，再后来，她回国，选择留在母校任教，正好可以陪伴妈妈。

　　"至于爱情，一切都是水到渠成，他是我的大学同学，我们在校园相遇，后来又一起出国，一起回来。他目睹过我的摸爬滚打，也见识过我的荣耀光芒。他了解我的深刻，也珍视我的平凡。从校服到婚纱，他是唯一一个把深情与久伴，同时给了我的人。"

　　是年盛夏，我去参加表姐的婚礼，北方的海滨城市，阳光明媚，风景宜人，蓝天上不停有白鸽飞过，空气中弥漫着幸福的味道。豪华的海景别墅里，优雅的琴声四处流泻，美丽窈窕的新娘头戴珠冠，婚纱曳地，完胜城堡里的公主。她身边的王子英俊体贴，牵起她的手时，满目柔情。

　　整个画面，多像一个童话。

　　台下有人艳羡，真是幸运的姑娘。

　　幸运吗？

　　是，又不全是。

如果不曾经历那些隐忍艰涩的岁月，不曾走过汗水与泪水交杂的颠沛流离，今日的岁月静好，又有什么珍贵？

如果只是单一的幸运，而没有自身的资本来支撑，纵然上天给你再多的机遇，你也不可能拥有驾驭的能力。

生活如书，如果不想被人任意篡改，那就必须把笔掌握在手中。自己一撇一捺写下的故事，总该有一个顺理成章的结局。

这个世界很善变很复杂，我们都见惯了感情的背叛，世事的多变。我们跌倒的时候，总是善于安慰自己，瞧，这世间哪有什么王子爱上公主，童话里的故事，都是骗人的。

然而，这个世界也很公平很简单。

你逃离过什么，就会遭遇什么。

你付出过多少，就会收获多少。

越努力，越幸运。

好在，时间可以检验一切，也会证明所有。

愿所有美好
与你温柔相拥

不知道来信的人是否知晓，
有那样一种情意和温暖，
可以支撑一个人，走很远的路。

▶▷ 爱我少一点，
　　爱我久一点

　　　　　而如今，与年少时最大的不同，就是可以坦然面对岁月的无情和人心的变迁。

　　情人节的夜里，路过火车站的地下通道，听到有流浪歌手在唱水木年华的《一生有你》：

　　"因为梦见你离开，我从哭泣中醒来，看夜风吹过窗台，你能否感受我的爱。等到老去那一天，你是否还在我身边，看那些誓言谎言，随往事慢慢飘散。"

　　老歌如故人，再重逢时，总难免感慨万千。

　　昔日在异乡看水木年华的 MV，李健尚未单飞，少年锦时，白衣胜雪，镜头里的女孩子也水样温柔。那曾是我渴望过的爱情模本，一生有你，情如水晶。

　　驻足聆听，一曲唱罢，我往歌手的琴盒里放入一张薄薄的纸币，转身走到通道口，正好迎上一头飞雪，无数雪花擦着城市的霓虹簌簌扑落，仿佛惊鸿照影来。

街道上，年轻的情侣们拥抱着旋转，玫瑰花的芬香溢满每一个角落，我的记忆里，却拂过少年时的风。

那时的我，坚信苍老与青春相隔山与海，也坚信感情可以像山海一样厚重深沉——我给你的越多，我自己就越富有，两者绵长得无穷无尽。

然而越长大，就越发现，这世间的谎言与誓言一样多，说一句真心话比玩一次大冒险更为艰难。

"多少人曾爱慕你年轻时的容颜，可知谁愿承受岁月无情的变迁，多少人曾在你生命中来了又还，可知一生有你我都陪在你身边。"

歌声在耳边回荡，我想起叶芝的爱情。少年时，在一株开花的苹果树下，叶芝对茅德·冈小姐一见钟情。但自始至终，叶芝都未曾得到过对方的心。后来，他以朝圣者的虔诚为她写下《当你老了》：多少人爱慕你的青春年华，爱过你美貌，用假意或是真心，惟独一人爱你灵魂的虔诚，爱你忧伤的脸上岁月的刻痕。暮年时，叶芝荣耀加身，去一个学校参加活动。当他看到身边那些天真可爱的面容，第一时间想起的，依旧是苹果花树下的那张脸，"我看看这个孩子又看看那个，想到她在这个年纪是否也是这般的模样"。

翻阅叶芝的生平事迹时，那是最打动我的一句话。

身边等车的校服男孩说："下雪了，我们一起走过这条长街，是不是就可以一直到白头？"

他眼中的女孩子，怀里抱着一个大大的玩具熊，笑起来的时候，梨涡浅浅，还有一对可爱的小虎牙。

你看，每个人的爱情里，都有一个白头到老的版本。

然而岁月变迁，容颜易逝，陪伴在身边的，却很难是最初的那一个。

但好在人生中总有那么一段年纪，说过的话，做过的事，爱过的人，都像春天的清晨，有着灵魂深处的真诚。

记得当时年纪小，不知有情人节。大雪后的初晴日，我在屋檐上发现一根冰凌，仰头望去，阳光恰好折射其中，在我的瞳孔里发出奇异的光芒，那一霎，只觉它美过世间所有的钻石。我把那根冰凌折下，紧紧揾在胸口，想拿给同村的男孩子看，却因揾得过紧，找到他时，已经化作了衣服上的一摊水渍，兀自地冒着烟气，像白日下的梦。

做过那样的梦的人，是不是永远都不会老？

夜车穿越灯火漫天的城市，我把脸抵在玻璃窗上，想起前不久看到的一张照片——

一对老人颤巍巍地走在人来人往的大街上，老先生挂着拐杖，表情拘谨又彷徨，像一个初涉人世的孩子，他的衣服上写着："如果我弄丢了，捡到的人请把我还给简。"老太太满头银丝，也满脸慈爱，她的衣服上回应着："我就是简。"

那是我见过的最长情的告白，也是爱情里最高级的浪漫。

有了爱，人心就变得柔软。

从此，便不必在世间蒙眼走路。

在最低沉的时候，也可以一想起某个人，某个场景，就有了活得更好的勇气。

到达楼下时，D发来短信，祝我节日快乐。他说，对不起，今年太忙，又忘记送你礼物。

我回，没有关系。

其实，一个人如果有爱，那就得到了世间最好的礼物。

就像如果有一天，我们老得可以哀乐两忘，或许真的可以坐下来，好好谈一谈年轻时的爱情。彼时，我们拉着手走过大雪纷飞的长街，有梦不觉人生寒，只余春风沉醉。

就像从前，总是想着要好多好多的爱，只愿沸腾，不屑温存。

而如今，与年少时最大的不同，就是可以坦然面对岁月的无情和人心的变迁。

爱情里的版本，成千上万，各不相同，最美的那一个，未必是最合适你的那一种。

生命中的人，来了又走，走了又来，如果有爱，我宁愿你爱我少一点，也爱我久一点。

你的名字，◁◀
爱的地址

　　愿每一个爱的地址，都恒久有效。愿每一个专属名字，都永不过期。

有段时间，被《你的名字》刷屏，电影还没有看，却也不可避免地被台词打动：

　　彼方为谁，无我有问。
　　九月露湿，待君之前。

我记得你的名字，就像记得爱的地址。
每一个日夜，我都会以想念赴约。

句子源于《万叶集》——被称为日本《诗经》的民歌总集，也是导演新海诚的灵感源泉。

比如之前的作品《言叶之庭》，他就曾引用过《雷神短歌》：

> 隐约雷鸣，阴霾天空，但盼风雨来，能留你在此。
> 隐约雷鸣，阴霾天空，即使天无雨，我亦留此地。

很喜欢这个版本的翻译，读起来像《诗经·风雨》的倒叙：

> 风雨潇潇，鸡鸣胶胶。既见君子，云胡不瘳。
> 风雨如晦，鸡鸣不已。既见君子，云胡不喜。

想起少年时初尝爱情滋味，在深秋的风雨中等一个人，撑一把旧伞，鞋子与裤腿全部湿掉，也不知道冷，却兀自埋怨脚上的鞋子不好看，伞太旧，他会不会不喜欢。

既见君子，云胡不瘳——在见到他的那刻，仿佛整个天空都亮了。

不由得佩服汉字的奇妙，一个"瘳"字，真是形象至极——翏，《说文解字》释义为鸟雀高飞。若相思成疾，疾生羽翼，在得见君子的那刻，也全都"扑棱棱"振翅飞远了，如云翳散尽，心空一片清朗澄明。

在《言叶之庭》中，东京，漫长的梅雨季，草木葳蕤，鲜花盛开，透明的雨水带来天空的味道，化身城市最美妙的背景乐……十五岁的制鞋少年，二十七岁的女职员，因为一场风雨，邂逅于郊外的庭园，在这个喧嚣又寂寞的城市里，两人各怀心事，又互生情愫。

这个故事没有跌宕起伏的情节，却是我所钟爱的，安静、忧伤、干净的爱，如风行水上，如雨水新生，也如青草般恒久常在。

新海诚谈及自己的创作时，声称在日本古代，"恋"字又写作"孤悲"，所以希望这部作品能带给深陷于爱又身处"孤悲"的人一些确凿的鼓励。

是这样吧。

毕竟，生命千般流转，在抵达爱的核心之前，孤单和伤悲都是必经之路。

现在回想起来，他拥有她最近的距离，也不过是一个痛哭的拥抱。

而故事的结局，似乎在一开头就已经写好，他们的恋情，终究无法在阳光下自由生长，冗长的雨季会结束，她有一天，也会在他的生活中离去。

但一个人可以离开你的生活、你的视线，却无法在你的心里消失。

冬去春来，当每一次雨水降临，季节变换，你是不是都会想起对方的名字，以及与对方有关的记忆，然后在心里问一句："你，现在还好吗？"

那天看到有个女孩子在微博上发心情："我好伤心，可能跟他真的结束了，他都已经不再喊我×××了……"

那个×××，应该是他给她取的专属名字吧。

一个名字，只为你而设，就像一份感情，只为你而生。

因为那个名字，早已经跟爱情连为了一体。

爱情正浓烈时，恨不得摘下一瓣心尖来给她做名字，那样的名字一喊出口，就是锦上的花，糖中的蜜，满满都是爱的气息；但是在爱情要结束时，那个名字也将随之受到冷落，如秋天的蒲扇，过期的罐头，被丢弃，被遗忘。

曾经有位女友跟我吐槽："当一个男人叫你'宝贝'时，天知道，他有多少位'宝贝'！"

那段时间，她正处于热恋之中，却总是感觉跟男友之间，缺了点什么。

于是她总是在想，他是为了避免喊错名字吗？

他可以称现任"宝贝"，可以称前任"宝贝"，可以称前前任"宝贝"，甚至可以称任何一个欢场女子为"宝贝"，可是，怎么也叫我"宝贝"呢？

君不见，恋爱中的女人，可以神经大条到被人卖了都不知道，也可以敏感得赛过福尔摩斯。

果然不久后，她就找到了男友对爱情不忠的证据。

她说："我终于找到了一个让自己死心的理由。"

这样的恋爱关系，其实不是她太挑剔，而是他根本没诚意。

不死心，无新生。

而在爱情中，没有哪个女人会不想要一个专属名字吧？

就像是一份专属的爱情。

你可以在我之前，爱过 N 个人，你也可以在我之后，爱上 N 个人，但是拜托在爱我之时，用一份专属的爱，专心地对待我。

在古代，女孩子家的闺中小名，除了父母之外，是只能说给心上人听的。

那个名字，也是一件专属的贴身物事，不能轻易向外人展示，代表着私密的、郑重的交付。

在电影《千与千寻》里，只有找到了自己名字的人，才可以解除巫术的控制。于是，一个人的名字，就成了他的第二灵魂，是一个无形的不可擦拭的烙印，于冥冥之中，传递出一种神秘的能量。

有时候，想念一个人，就像想念着那个专属名字，过程是隐秘而神圣的，还带着信念和力量。

而那个名字背后，种种与之相关的场景，气息，情感，音容，都将渐渐浮上来，与曾经的时光一起，倏然扑面。

所以，才有那么多久别的恋人，在重逢时，只是喊出对方的名字，就会让彼此感触到无以复加的爱。

对了，就是你了。

真好，你依然是你。

因为那个专属的、亲昵的、爱意满满的名字，只属于你，也只有你知道呀。

想哭就弹琴，　◁◂
想你就写信

在纷芜的世界里，能够过得心安，就是生命中
最好的奖赏。

芝士小姐在微信里给我念周公度的诗，她的声音软糯迷
人，带着一股回忆的甜香：

为什么没有人给我写信
写一封这样的信：
信里说法国式的接吻
说春天，小城，和溪水

说亲爱的，亲爱的。
说"秋天很美，很美
旅途有一点点儿

　　旧信封才知道的疲惫"

　　说我喜欢你这样的人
　　说出许多质问和省略号
　　说"祝好。某某。
　　某城。某年某月日"

　　想起多年前离家，在路边的小旅馆里留宿，夜间睡不着，又无事可做，便跑到楼下的小商店里买纸和笔，一个人坐在床头写信。

　　称呼写"亲爱的"，会觉得羞怯，于是小心翼翼地去掉对方的姓氏，单留一个名字，轻轻的一个字，落在信纸第一行的顶格处，接下来是"见字如面""感慨万千"……

　　少年初识愁滋味，想念之余，也会以为那刻全世界的悲欢离合都浓缩在自己的掌纹之中，一支笔游走于纸上，竟是藏不住的暗流涌动。

　　将近天明时结尾，落款，"此致，愿君多珍重。某人，某年某月某日"。窗外有风掀起青雾，凉露的气息在墙脚滴落，手中的纸页，也已经有了厚厚的一沓，装入信封后，像塞进去一朵要下雨的云。

　　这些年，习惯了用电脑，但对于手写的信件，心里一直怀着珍重。

很迷恋笔尖在纸张上摩挲的过程，有行者无疆的快意，也有落子无悔的笃实。

有时给远方的朋友写信，不过是说一些天气和家常，或是"你的名字写在纸上，也是这样好看"，然而再无关紧要的话，只要落笔封缄，就有了一种可供珍藏的氛围和情愫。

也喜欢一切书信形式的文本。多年前，我为一个已故的诗人写传记，第一次尝试用书信的方式。后来，收到了各种各样的评论，有人说矫情，有人说深情。出版的文字，就像泼出去的水，是收不回来的，但是，我始终不后悔，就像始终期望，这世间的一切情意，都有信可循。

困顿之时，曾有人问我，"你想要什么帮助？"

我答："我想要一封手书。"

不知道来信的人是否知晓，有那样一种情意和温暖，可以支撑一个人，走很远的路。

那次午间小憩，窗外是白日蝉鸣，独自趴在桌子上沉沉睡去，几十分钟的时间，竟也足够梦中人经历几番山河辗转。

在梦中，我开了一间"灵犀旅馆"，收留疲惫的老灵魂，也贩卖感动和白日梦。门口的木牌上写着："如果你愿意，只需要支付一封手写信。"

梦醒时，友人的书信就压在桌子上，信封里盛放着经年的故纸，笔迹历历，诉说苍茫往事，流水生涯。一枚淡黄的银杏叶，夹在纸页间，散发出静默的香气。叶子来自腾冲的银杏村，数百年的大树，沧桑而美丽，见证着彩云之南的雪月和风花。

只是友人不知道，收信的人在燥热的季节里，抑制了多少次想哭的冲动。

我问D：“从前，很年轻的时候，你有没有跟人写过信？”

“有。”他回，想了想后，又补充，“不过从来都没有寄出去。”

他跟我说起一个跟写信有关的故事。

他的老家在铁路边，少年时，因为家中变故，他一度逃课，还认识了几个当地的小混混。很长一段时间里，他们都在火车站附近昼伏夜出，只为对来往的货车下手。

一节一节的车厢，蒙着厚重的油布，泊在无边的夜色里，像蜿蜒的大蛇。他们熟练地躲避掉联防队的探照灯，再用铁棍将车皮上的油布撬开，把货物一点点地偷出来，有时，是县城里往外运出的焦炭和钢锭；有时，是沿海城市来的水果和玩具……

有一次，他们偷了一包东西，打开来看，却是一些信纸。

不能吃，没有什么用，也换不了几个钱，小头儿很是失望，当场就扔掉了。

只有他悄悄地折了回去，把那些信纸用破旧的外衣裹着，一路飞奔回家。没有人知道，那时候的他，已经有了暗自喜欢的人。

是他班上新转学来的一个女孩子。扎着高高的马尾，成绩和家境一样好。放学时，他曾远远地跟在她后面回去，装作不以为意，但是，他记得火车在她身边经过时的情景，咔嚓咔嚓的风，把她的裙子一下一下地吹起来，像不断舞动的鸽翅，每一下，都在他的心里刻下了痕迹。

他给那个女孩子写信，用偷来的信纸，写了一封又一封，全都埋在了屋后的枇杷树下，如埋下一个个郑重的秘密。枇杷树慢慢地发芽，长叶，开花，结果，那些青涩的小果子，圆润可爱，又在枝头慢慢地鼓胀，成熟。

而一个人只要有了秘密，就会迅速地成熟。

他不再去找那些小混混，也不再逃课，依然沉默寡言，但心中已隐隐有期待。期待有天可以和她并肩站立，期望成绩单上，他们的名字能够排在一起。

一年后，那个女孩子再次转学离开，他的信纸，也全部用完。他跟在人群里去送她，却始终不肯和她说一句话。

时间静静流逝，日光之下无新事。

只有他知道，自己与从前再不相同。

"止于唇齿，掩于岁月。大约就是如此。"D 笑着对我说，意味深长。

"如果你想念从前的自己，也可以试着给他写一封信。"我说。

我是给自己写过信的：

"每流一次眼泪，对你曾经的轻狂和矫情，就又宽宥了一分。"

"你是对的，情怀永远年轻。"

"我要做一个温柔坦荡的人，想哭就弹琴，想你就写信。"

"你这个无可救药的处女座啊……虽然是这样，但也没有什么不好。"

"原来，被时间悄悄偷走的，除了身体里的胶原蛋白，钙质，还有多巴胺。"

"我也终于可以不再惧怕输给时间。在纷芜的世界里，能够过得心安，就是生命中最好的奖赏。"

一腔孤勇地爱，
两情相悦地活

　　　　波澜壮阔的旧梦，已换成了看山的岁月，一把
　　平凡握在手中，迟来的幸福比海深。

　　"我在没有遇到爱情之前就懂得了爱情。"小鱼说。

　　高三那年的一个周末，十七岁的小鱼在县城的书店第一次读到了某位女作家的书——那是一个与教科书、作文书完全不同的世界，穿棉布裙子的女子，动荡不安的生活，抵死相缠的爱情，冷寂的笔触，美丽的意象……一切都是新鲜的，让她惊讶又着迷，仿佛心里的某个角落也为之骤然苏醒，从此，她便懂得了爱情。

　　彼时，她的身边，有懵懂的少女，有顽劣的男生，有古板的老师，还有说着粗俗乡音的庄稼汉，唯独没有洞悉她内心并与之倾盖如故的人。

　　她读书的小县城到农村的家，中间不过三四十里的距离，

却需要辗转几趟车，翻山越岭才能到达。某次回家，在尘土漫天的马路边，她挤进一辆脏乱的中巴，又和一群鸡鸭塞在过道里，当车子颠簸着路过污水横流的护城河时，她突然就对生养自己的地方，感到了深深的隔膜和厌倦。

一颗敏感孤独又躁动不安的少女之心，在那样的地方，要如何妥善安置呢？

她想逃离，到远方的大城市去。

就像书里勾画的那样，有清朗温柔的男子，有地铁，有大海——月夜里，海边有蔓延得像白色梦田一样的沙滩，灵魂是脱去衣服的孩子，心里有温柔的水声跟着潮汐起伏……

不久后，她参加高考，考上了市里的一所二本院校。

四年的大学生活，在旁人眼里，她算是一个不折不扣的好学生，安静，懂事，不恋爱，认真学习。然而没有人知道，她不过是没有遇到让自己奋不顾身的人。身边的男生那么多，心里的火山也埋了那么久，却始终没有一个，能让她一见倾心，石破天惊。

毕业后，她不顾家里的阻难，执意要去沿海城市找工作。那是她向往的城市，到处都是摩天大楼，街道边种满榕树、棕榈树、椰子树、凤凰木，空气里弥漫着芒果的香气，到了夜间，整个城市的霓虹都在流动，如银河倾泻，海风也十分温柔，像附耳的情话，让人莫名地心动。

一切都是陌生的，但正是因为未知，才蕴藏了无限可能。

在南方的人才招聘会上，小鱼见到了某家公司的部门经理F。那个男人英俊，谦和，手指修长，把一件白衬衫穿得极为好看，符合她对多年来等待的恋人的全部想象。

那一天，她只投了一份简历出去。

看了小鱼的简历后，F向她提了几个简单的问题，她滴水不漏地应答，心里却是金戈铁马。好在，他很快向她伸出了手，"很高兴你能加入，我们的公司刚刚起步，以后，你可能要多吃些苦"。

"可是，能有多苦呢？不过是多加一加班而已。再说，和自己喜欢的人在一起工作，我从未觉得累过。"小鱼叹息道，"工作的苦，难及思念之万一。"

入职后，小鱼才知道，F是有家室的，而且，与太太的感情非常好。

但这好像并不妨碍他在公司受欢迎，一个有能力、有魄力、有魅力的年轻男上司，不管是单身的姑娘，还是已婚的女人，都愿意与他共事。而他，也总是能游刃有余又点到为止地处理好各种各样的人际关系，有时只要振臂一呼，整个部门就能八方响应，从而每个月都能打拼出骄人的战绩。

有次周末部门聚会，在海边，大家燃起了篝火，一个一个地轮流唱歌。

F唱的是《富士山下》，歌声如诉，美得一塌糊涂，朦胧的椰子树下，海风吹起他的衣衫，仿佛整个世界都要随之遁逸而去。

> 前尘硬化像石头，随缘地抛下便逃走，我绝不
> 罕有，往街里绕过一周，我便化乌有，你还嫌不够，
> 我把这陈年风褛，送赠你解咒……

她听得痴迷，到了收梢的部分，泪水竟盈满了眼睛……
她很想问唱歌的人，心里种下的情字咒，要怎样解？

那涌到唇边的话终究被她生生咽了下去。因为她看到，
一曲唱罢，F悄然退至一边，去给家里人打电话。他点了一
支烟，光脚踩在沙滩上，轻轻地说笑着，眉目间柔情涌动。

她远远地站在原地，满目天涯。

散场时，她偷偷拾取了他的烟盒，拿回宿舍，放在枕边。

那天夜里，她第一次觉得，粤语是那样缠绵好听，而他
唱歌的那个场景，也成了她无数深夜里痴守的梦境。

她去买同样品牌的香烟回来，想念浓郁的时候，就会点
上一根。有时候也不抽，只是看着烟草慢慢燃烧掉，然后在
袅袅的烟雾里，落下泪来。

她说："我是真的没有想到，我人生中的第一份爱情，
竟然是暗恋，而且，只能是暗恋。就像是毫无希望的一条路，
我却一厢情愿地走了下去。但是，《圣经》里说，爱是恒久

忍耐，爱是永不止息，爱是恩慈。"

在那样的环境里，她每天都很努力地工作，并在心里告诫自己，不要用任何方式，去打扰他的幸福。

她选择了文字。她在网上开了博客，起名叫"飞鸟与游鱼"，开始在一个又一个的深夜，写下一个又一个的爱情故事，美好的，温暖的，悲伤的，惆怅的，赚了很多人的眼泪，也包括我。她故事里的男主角，无不清瘦干净，温良的气质，深邃的眼神，修长的手指，指节上有雅致的烟草香气。

博客里的故事，每天都有陌生人来看，但没有人知道故事背后的人是谁。这样的感觉让她有安全感。就像把一份情感压缩在文字的罐头里，永远不会过期。

她也不是没有尝试过与其他男性交往。但到头来，都成了浪费时间的事情。

"两年了。或许，在放下他之前，我都无法接纳另一个人。"她说。

突然有一天，小鱼停止了更新。

几个星期过去，几个月过去，几年又过去。

茫茫网海，她真的就像一条游鱼那样，转瞬间曳尾而去，消失得无影无踪。

我想联系她，但是连她的真实姓名都不知道，手机号码也没有。我给她在 QQ 上留了很多言，在博客发了很多纸条，全都石沉大海，音讯全无。

慢慢地，微博兴起，博客式微，原来很多的博友都渐渐荒废了园子。即便是这样，我每次登博客的时候，还是会去小鱼的博客里看一看。

她的最后一篇博文，标题赫然在目，"我在水中写字，一边写，一边消失"。

她的 QQ 头像，已黯淡了数年。

在心底，我希望她有天能回来，又希望她不用再回来——当然最好是过得很幸福，幸福得忘了我。

时隔多年，小鱼再次联系我。才知道，多年前因为父亲去世，她回了家乡，之后，再没有到沿海城市去了。

她说："这些年，我换了城市，换了 QQ，也不再回博客，我对与往事相关的一切人情事物断绝联系，都是为了放下对 F 的感情，开始新的生活。"

但真正的放下，不是不去想念，而是想起的时候，心里不再有波澜。

那一天夜间，她接到妈妈的电话，说父亲生了很大的病，三个月了，一直没有告诉她。妈妈在电话里哽咽着，小心翼翼地喊着她的乳名，慌乱无助的样子，哪里还像是昔日强悍的农村妇女？挂掉电话，她终于忍不住大哭。

她想起自己这么多年来，沉浸在小说虚构的感情和意象中，一度打着寻爱的名义出走，真是何等的自私和愚蠢。她曾鄙夷着家乡的一切，恨不能剔骨重生。她曾那样坚信，远方有自己所有向往的东西，包括爱情。

她甚至看不到，这世间除了爱情之外，还有那么多值得珍视的人和事。

去递交辞呈的时候，她无意瞥见 F 新换的电脑桌面，在海边，他拥着妻子的肩，婴儿车里的小宝贝笑得像个天使，凤凰木的花瓣在他们身边纷纷扬扬，空气中幸福漫溢。

转身出门时，F 喊她："如果你想回来，这里随时欢迎你。"

她忍住，没有回头。

一天一夜的车程，到家乡时，她才感觉到，季节原来早已入冬。

沿着小马路往家里走，路边芒花漫天，山坡上的茶花也开得如火如荼。

她恍惚间忆起，自己童年时，最喜欢跟在父母身后，去摘圆滚滚的茶籽，那种茶籽榨出来的油，炒菜分外清香。还有邻家的小哥哥，他们曾在芒花中奔跑，也曾尝过无数茶花的花蜜。

小鱼的父亲很快去世了。作为家中长女，她张罗操办了一切，事无巨细，亲力亲为。妈妈一夜苍老，弟妹年幼无知，她在灵堂前向父亲承诺，从此之后，定会用尽全力，给家人安稳的生活。

小鱼选择留在了省城。

那位邻家哥哥，也慢慢成了她的未婚夫。他皮肤黝黑，健壮热情，总有一万种办法把她逗乐。

在他眼里，她还是那个童年时的小姑娘，在山路上走久了，就会扯着嗓子喊，哥哥，等等我，等等我。而他，永远是那个听到喊声，就会转过身去将她牵起来的人。

她说："姐姐，下个月，我就要结婚了。"

故事说到这里，也算是有了一个完满的结局。

窗外沙沙地下起了雪，对着手指呵气的时候，已经能看见白色的雾气。

掐指一算，过几天，就是小鱼新婚的日子了。

我不曾见过小鱼，也不知道生活中有多少像小鱼一样的姑娘，但我总觉得，她离我自己，是如此之近——在青春的时光里寂寞起舞；在文字的海市蜃楼中长途跋涉；在爱的无望与茫然中，倾尽虔诚与柔情。

如今，波澜壮阔的旧梦，已换成了看山的岁月，一把平凡握在手中，迟来的幸福比海深。

而那位我们都曾深深迷恋过的女作家，也在岁月的润泽打磨中改了笔名，行文渐暖，以退为进，心守一事过一生。

在这个世界上，有人给你冷寂蚀骨的想念，也有人予你童真般稀有的爱意与温柔，可是又有多少人情与故事，可动地惊天？

一腔孤勇地爱过，是无憾。

两情相悦地活着，是有福。

亲爱的小鱼，祝你新婚欢喜，福泽宽宏，恩慈绵长。

坐在窗边，我取了纸，一笔一笔地涂抹着一朵山茶，遥念故人。

山茶开在纸上，红色的花瓣，黄色的蕊，喜气洋洋的，仿佛能照见一个女孩的童年：

小时候，也是这样的冬天，她很羡慕同学手中的一枚高级糖果，有天放了学，就尾随其后，只为去捡人家丢弃的糖纸。心里想着，不能吃糖，就是舔一舔糖纸也是好的呀……可是后来，走了很久，糖纸也没有捡到，她就坐在路边哭。

是邻家哥哥，他让她不要哭，她不听，他就牵着她去了山里。那时，已经下雪了，针叶松的叶子落了满地，踩在上面，簌簌有声。山中有空蒙的雾气，轻纱一样笼罩在肩头，茶树上也落了雪，花瓣上，树叶上，像撒满了代销店的白砂糖。

邻家哥哥告诉她，花里面有蜜。

他摘下一朵递给她，她舔了舔花蕊，是真的很甜，他没有说谎，她一下就眉开眼笑了。

后来，他们经常去山上摘茶花，有次，他还被蜜蜂蜇了脸。她一直记得他脸肿得像个猪头的样子，很丑，也很搞笑，脸上还粘着明黄色的花粉。

但那些花粉，就像时间赐予的金屑。

那个时候的世界，是伸出舌尖就能触碰到的甜。

气味主义者的爱情 ◁◂

　　气味可以储藏记忆，但如果记忆的瓶子打碎
了呢？

　　Z 小姐有敏锐的嗅觉，简直是上天赋予的异禀。

　　"我是一名气味主义者。"聊到感情，Z 小姐以此话开头。

　　她和男朋友是在一次读书会上认识的，对方是个插画师，戴着眼镜，棱角分明，浓密的卷发像暴雨过后茁壮成长的小植被，笑起来的时候，酒窝里能装下一个春天。

　　Z 小姐说，她第一次见到插画先生，就喜欢上了他。那天读书会上那么多的人，那么多的男士，唯独他，身上有一种特别的味道，可以瞬间与周遭区分开来。

　　她跟人换座位，悄悄坐到他的身边，看到他在很细心地记笔记。他的字很好看，笔触绵柔有劲，笔尖在 A4 纸上发出细微的声响，让她想起幼年睡在外婆的屋子里，半夜醒来耳边响起的沙沙声，是春蚕在竹匾里啃食桑叶，空气里泛出一种湿润的丝丝缕缕的香气。

后来他扭过头来，笑着看她，眼神像在春风里苏醒的小池塘，波光粼粼的。那一霎，她心底那块往事的浮冰，好像也在一点一点地化掉，化成潺潺的水流，穿过整个心脏。

"好浪漫的相遇啊！"我感叹道。

Z小姐也笑起来，"是我主动走近他的。对于爱情，这些年，我一直很固执，也很挑剔，但是那一次，遇到他，我一下子就闻出了他身上的味道，就像跟我是旧相识一样。或许那种味道，就叫同类。"

她说，他们在一起，可以看同样的书，听同样的碟，吃同样的食物，谈论同样的话题，一切默契又温和。经常，他画画的时候，她会在他身边的小凳子上写稿，写得累了，就从后面环住他的腰，鼻尖拱在他的脖子里——颈部皮肤的独特香气，热乎乎的甘甜的温存的气息，像儿时舍不得一口吃掉的棉花糖，让人感觉亲切又迷恋。

我忍不住问："亲爱的，你在用鼻子谈恋爱吗？"

她想了想，"这样说，也未尝不可。"

我开始好奇，"那你的嗅觉，从小就这样灵敏？"

她摸摸鼻尖，垂下眼眸，睫毛的阴影打在脸上，像时光里的慢镜头，"不是的。应该说，是我的嗅觉，带给了我第一次对爱情的心动。从那之后，我就发现，嗅觉，倒成了外

界与情感之间，最近也最真切的那条路。而气味，就是我的
隐秘情书，是两心之外无人知的孤独与浪漫"。

Z 小姐的第一次心动，是在她的少女时代。

一次周末放假，她坐中巴回家，就在车子刚发动的时候，
有个男生在车后追过来，也不大声喊司机停车，只是背着书
包埋头奔跑。她在心里发笑，真是个呆子。

呆子终于追上了车，小心翼翼地坐在她身边，"嘿，是
你呀"。

她也认出他来，抿嘴笑一笑，算是打招呼。他是隔壁班
的班长，成绩很厉害。上次期中考试，她就是因为比他少一
分，而不得不退居全校第二。

柏油马路上，车子开得像要飞起来，夏日的余晖照在车
窗上，拉起一道一道冗长的光线，黄昏时的热风也一浪一浪
灌到车厢里。

然后，她就闻到了他身上的味道，清新甜蜜的香皂味，
还有淡淡的少年的汗味，好像和她之前闻过的气味都不一
样，那一刻，她心里对他尚有的一点点小嫉妒，也随之烟消
云散了。

后来车子在半路突然坏掉，司机说修理需要很长的时间，
少则一个小时，多则半日。于是就有人下车步行，有人骂骂
咧咧地等待，也有人干脆站在路边等下一班。

"要不，去我家坐一坐？"他试探着问她，"我家不远，

走路几分钟就可以到。"

　　她看了看手表，犹豫了一下，答应了。

　　她跟在他的后面，沿着马路走了一小会儿，折个九十度的弯，就能看到一处小院，三三两两的红砖房子立在山脚下，围着一块水泥坪，几个小孩子在坪里踢毽子，见了他，就开口叫哥哥。

　　他从书包里摸出钥匙，开了门，请她进去坐。她有些拘谨，把书包紧紧地抱在胸前，坐到墙角的沙发里，开始打量四周。很干净的屋子，有艾草与苍术燃烧过的香气，头顶一把三叶吊扇，正悠悠地打着旋，掀起带着草木香气的凉风。

　　他告诉她，他的爸爸长年在外做生意，一年也回来不了几次，妈妈应该是打牌去了，等太阳完全落了山，也就回来了。

　　他自顾自地跟她说着话，又从冰箱里端出半边西瓜放在桌子上，然后取了两只瓷调羹，和她一人一只，"来，我们吃西瓜！"

　　她不说话，也不推辞，就那样和他头顶着头，沉默着，一勺一勺地挖西瓜吃。西瓜微微地串了味，但不影响口感，甜沙沙的，吃下肚，瞬间觉得清爽舒适。挖西瓜的时候，有一次两个人的手背碰在了一起，他笑起来，她却很快弹开了，脸上一热，眼睛再也不敢看他的脸。

　　吃完西瓜，她提出时间不早了，应该早些回去，转身就往马路边跑。他跟着追出来，几步就堵在她的身前，"我陪你等车"。

　　暮色柔软的马路边，他站在她的身旁，时不时地跟她说起一些学校里的事，一直到车子修好，又目送她离开。

　　两天后在学校遇见，她再看他，再想起他时，俨然已是与往日不同的感觉。

　　那样的感觉，就像将心里的万千情愫装在玻璃瓶子里，旁人看来空无一物，只有自己知道其中的奥秘所在。

　　她会在本子上写他的名字很多遍，也会在内心暗暗期盼他路过教室。他也送过她很多明信片，摘抄了一些不浓不淡的歌词，每次周末放假的时候，会假装巧遇与她同车。

　　然而遗憾的是，车子再也没有坏过了。高二时，他突然很长一段时间都没有来学校，她找同学打听，说是好像家里出了事，他爸爸没了。

　　再次在学校里见到他时，他好像整个人都变了，不爱笑，很低沉，也没有再给她送过明信片。她很担心他，便鼓起勇气写了小纸条约他晚自习后见面。她在教学楼下等了很久，他终于出现了，见了她，也不说话，只是紧紧地抱着她，脑袋伏在她肩头，小声小声地哭。

　　他的成绩迅速下降，高三时，干脆退了学外出打工，从此之后，再也没有联系过她。

　　而她，则在学校里继续充当好学生，为考上心仪的大学做最后的冲刺。学校的红榜里，她的名字一直稳稳当当地挂在第一名，被一大片羡慕的目光围绕着，她却没有多少骄傲和快乐。

没有人知道，她的内心，其实随着他的离去，已经变得不再完整，那凭空缺失掉的一块，很多年过去，也没有长出来。

倒是她的嗅觉，好像突然就变得敏锐起来。尽管第一次的爱情，闻到过感受过又失去过，但那种凭借气味来解读事物情感的能力，却真切地保留下来了，以至于后来闻到某种气味，就能准确地分辨出与之相关的种种脉络。很多年前，她在一座城市出差，遇到一家香水店，琳琅满目的小瓶子里，装着各种各样的故事。

店员告诉她，店里的香水有好几百种气味，花香的、果香的、木香的……一种气味就是一个故事，比如巴黎雨后的街道，疗愈失恋的小苍兰，静雅醇厚的沉香木，甜美活泼的橘子，午夜的鸡尾酒，十六岁的初吻……店员用职业的微笑问她："小姐，你要哪一种？"

她对着店员喃喃而语："六月黄昏时的中巴，男孩子干净的汗味和皂香残留。艾草和苍术燃烧过后，西瓜在风扇下的水气和甜蜜。明信片上，少年皮肤的余温和欢喜。五月的空气里有落花的暗香，泪水的咸味打湿在少女的肩头……"

"真的有这种香水吗？"停顿的时刻，我柔声问她。

"没有。"她说，"科技是神奇的，可这世间毕竟没有一条时光的原路，去供你返回。"

Z小姐后来回老家县城办事，去看望了一位同学，无意中，竟听到他的消息——退学后去沿海城市打工了，后来又做了生意，再后来又赔了，过得潦倒，如今已经结婚，就住在县城的菜市边，开了一家生鲜店。

时隔多年，她见到他的时候，他正在不远处的店里给顾客剁排骨，肉末的腥味和汗味弥漫在空气中。他光着膀子，皮肤黝黑，身材也走了样，只有脸上的轮廓，还依稀残留着少年时的影子。他的老婆，穿着一件肥大的绵绸衫，在喂孩子吃奶，顺便腾出手来麻利地给顾客找钱，俯身拉抽屉的时候，她领口露出的那一节内衣肩带，已经旧得看不出原来的颜色了。

"我以为有一种感情，只要一直珍藏着，就不会失去。我以为自己还可以等待，却不知已经永别。"

"气味可以储藏记忆，但如果记忆的瓶子打碎了呢？"

"是的，是我自己亲手打碎了那个瓶子。"

那次从老家回来后，Z小姐就开始想要一场新的恋爱了。

她的鼻子依旧敏锐，依旧能够准确无误地通过气味，抵达旁人无法抵达的地方。

她相信在眼睛看不见的地方，嗅觉可以拂去记忆的尘埃，在耳朵不能清净的时候，嗅觉能让内心听到最真实的声音。

所以选择男友时，对方的举止言行都必须对味。她虽然渴望爱情的味道，但宁缺，毋滥。

气味曾是她的蛊，气味也是她的解药。

她相信总有一天，她的鼻子会为她找到一个合适的人，就像是上天为她量身定制的一样。

在那个人面前，很多话，你还未开口，他已经心领神会。

和他在一起，有乍见之欢，也有久处之爱。

他给你温暖的情意，你赠他珍贵的懂得。"亲爱的，如果有一天，遇到了对爱情挑剔的人，请不要埋怨，也不要立即扭头走开。"

"给他一点时间，也给自己一个契机。"

"因为他所有的挑剔，都是为了更好地辨识和相认。"

"然后，穿越五味陈杂的人生，惊涛骇浪的人海，打开怀抱，径直向你走来。"

走着走着，
天就亮了

　　置身暗夜时，给自己的心掌一盏灯，就不会迷
失了方向和初衷。

　　初中不寄宿的那一年，我经常在凌晨起床。

　　窗外的天黑如深海，一眼望不到底，也望不到边。昏黄的白炽灯下，我弓起后背，一件一件地穿衣，把自己包得严严实实，然后拎着家里准备好的咸菜，去赶学校的早自习。

　　那个时候的冬天，常下雪，早间的温度更是低至零下。

　　天哑忍着，迟迟未亮，四周的空气寂静又清寒，山坡上光秃秃的，农作物都已经尽数收割，星星点点的孤坟隐匿在矮小的墓碑后，如夜鱼探出海面的鳍。

　　视野里只有一条纤细的小路，结了薄脆的冰，泛出微白的冷质地的光，像脑袋上中分的发线。

　　我一个人走在山路上，四野俱寂，能听到自己的脚步声，

还有路边低矮干枯的小灌木摩擦裤管的声音。

没有人说话的时候，我就大声背诵课文和英语单词，那些带着体温的句子和单词，在半空中尚未凝结，仿佛就已被幽暗的天光吞咽。

有时候，我也会唱歌，大声地唱，反正唱破音也没有人笑话。

就那样，我唱了一首又一首，把身子渐渐唱暖后，心里便不那么害怕了。

从家里到学校，十几里路，走得慢的话，要一个多小时。

经过沉睡的村子和人家，翻越冗长的山岭，就能看到一大片水田，那里沟渠遍生，阡陌纵横，像一张铺开的蛛网，挂着透明的晨露，摇摇欲坠。

我沿着田间的小路，脚趾紧紧抠在鞋子里，一步一步地朝着学校的方向前行，暗沉沉的天色也在一层一层地剥去。

身边的景物渐渐变得清晰。

枯树的枝丫，杂草的叶脉，流动的小溪，头顶的静云，田埂上一排排绑着草绳的大白菜，还有远处村庄和建筑物的轮廓，也都跟着天光，一点点地慢慢浮现。

是时，天地如同初生，整个世界都顺从地沐浴在黎明的光亮里。

我心底的恐惧，也在不觉间消散得一干二净。

一颗心随之亮堂起来，步子打在路面上，坚定而清脆。

渐渐地，田间开始出现了挖荸荠的农人，他们无比熟稔地挥舞着钉耙，一下一下，像一种古老的祭祀仪式。

而那些生长在泥土之下的紫色果实，形状酷似马蹄，削去皮后，则清白如玉，甘甜生津。

那时的我总是会不自觉地想，会不会在某个夜间，田下的荸荠蹄下生风，行空远走？

路上也渐渐有了同行的人。

三三两两的学生，来自不同的村落，却有着相同的目的地，在晨光熹微的广袤空间里，各自不言，只是做一个默默陪伴的独行者。

有一次，初夏时节，昼夜温差很大。

也是在去学校的路上，走到田间时，我看到一个女生倚在大树边，把长裤不急不缓地脱下，然后塞进随手拎着的饭盒口袋里。

而她的长裤里面，竟藏着一条雪白的半截纱裙。裙边从纤瘦的腰部抖落至膝盖，露出白藕似的小腿，在凉雾迷蒙的空气里走动着，轻盈又优美地走进晨光深处。

后来，我再也没有遇到她。

然而现在想起那个场景，记忆里依然流动着一种特别的美感，就像是黑白默片时代里的镜头，可令人频频回味。

水乳交融的天光和雾气，东方的鱼肚白，闪耀的启明星，胸口尚未冷却的梦境，那一刻，只觉得身边所有事物的茂密丰盛，也不及一颗少女心对美的向往。

如果时间足够，是可以走大路去学校的，需要绕过小镇。不过，路程得远上一小半。

马路从村口起，延绵到镇上，走到一半的时候，天就会亮起来。

待天光完全亮透，也就能清晰地听到镇上传来的各种声音了。

小镇上的钢球厂和钢铁铺遍地都是，煤烟可以蔓延到几公里外。巨大的铁片直接扔在坑坑洼洼的马路上，反正别人也偷不动。只是有车开过去的时候，当街就会发出"哐当哐当"的一串巨响。

镇上临街的店铺，家家户户都养狗，它们凶神恶煞，看到可疑的人，就要"骂骂咧咧"地狂吠好一阵。

我每次路过那里，都要尽量昂首阔步，让自己看起来像是个正人君子。

记得小时候，有次和妈妈同行，到了街边，遇到有家店铺正在卸货，无数小小的铁环在街边滚动，有一个，正好落在我脚边。

我欣喜地捡起来，正打算拿一个回去玩，"妈妈，就这一次好不好……或许，他们不会发现？"

　　但妈妈严厉地制止了我，"不可以。一次都不可以。有些事，永远都不能去尝试"。

　　妈妈走在我的前面，步伐结实，肩上担着箩筐，也担着风霜。

　　很多年后，我的女儿也经常在清晨起床去上学。闹钟会准时把她叫醒，然后她就会从被子里爬出来，迷糊着眼睛，坐到床边摸摸索索，弓起干瘦的后背，一件一件地往身上套衣服。

　　窗外是黢黑的天，玻璃上蒙着沉沉的雾气，正是呵气成冰的季节。

　　她看了看窗外，开始小声地试探着叫我："好冷啊，妈妈。好黑啊，妈妈。"

　　她快十岁了，个子噌噌地往上长，但内心里，还是个胆小又柔弱的小女孩。

　　和很多年前的我一样。

　　想起在我们家乡，有一个风俗，就是如果有人去世，入殓之时，故者的亲人们，会排着队，挨个去抚摸棺木中故者的脸，与之做最后的告别。

　　我还记得，最后一次抚摸母亲的脸。

灵堂里弥漫着香烛的气息，母亲躺在棺木中，沉寂如枯木。我的手指放在她的脸上，又迅速抽离——因为长久的病痛的折磨，她全身的脂肪已经流失，骨架之上，是一具粗糙而冰冷的皮囊。

我害怕极了，仿佛身上所有的血液都沾染上了那种失去人世温度的冰冷，然后瞬间凝固。

我往后退，一直退到喧天的鞭炮声和锣鼓声中。

当时，村里的一位老人说："孩子，不要怕。摸过之后，你就再也不会害怕了。"

那位老人满面皱纹，眼神安详邃深，像一棵饱经风霜的老树。

她牵起我的手，向棺木走去。

她那双手，已经为村里的故者更衣入殓几十年，包括自己溺亡的小儿。

多年后，我的心里渐渐有了湖水与沟壑，再想起那位老人的话，又觉得别有深意。

于是我走过去，温柔地拥抱着我的小女孩，告诉她："孩子，不要怕，走着走着，天就慢慢亮了。"

"走着走着，天就慢慢亮了。"有多少人在日光下庸碌一生，就有多少人在暗夜里独自前行。

时间漫过心间，尽是深渊。

唯有临渊而立，方觉身如旅客。

星霜相照，过耳风声历历可数，手中握着的所有记忆，都成了行囊。

曾经柔弱的心，以及享受过的舐犊之情，也在岁月里慢慢钝化，变成可庇护家人的铠甲。

而人生这条长路，又有多少至亲至爱，有多少与之同行的人，尚等不及一个"很久以后"，就走散了，消失了？

我不知道。

我只知道，纵然如此，也依旧要勇敢地走下去。

就像有些孤单，你必须独自承受。

有些道理，你必须独自领悟。

有些黑暗，你必须独自穿越。

置身暗夜时，给自己的心掌一盏灯，就不会迷失了方向和初衷。

走着走着，天就慢慢亮了。

单枪匹马、孤独前行的人啊，不要怕。

▶▷ 终有一天，
你会与生活温柔相对

　　　　　　　你也曾闭上眼睛，感受过生命之河在头顶流动
的声响吗？

　　那一年，初上网，喜欢上了一个人的文章。那个时候，还不知道要怎样打印，便买了大大的笔记本，一个字一个字地去抄。每天下班后，到网吧里，周围全是 CS 射击和视频聊天的声音，没有人会理解我所做的事。

　　记得有一次，鼓起勇气给对方发了一条站内短信。短短十几个字，写了又删除，删除了又写，居然用了一个多小时。点击发送的那一下，竟莫名地脸红了。

　　后来，笔记本被一篇一篇的文章填满，每天晚上，与那样的文字相伴，整个世界里都是别人的喜怒哀愁。读到欢喜的句子，会笑起来；读到感伤的段落，则会簌簌落下眼泪……一遍一遍地，用指肚去触摸那些字迹，然后揣测文字背后的

故事，心里是难以表述的痴迷。

再后来呢？

前些年搬家，在一摞旧书里看到那本笔记，厚厚的一本，竟然已经蒙尘。于是翻开来看……才发现自己已经不喜欢看那种类型的文章了。可是从什么时候开始不喜欢的呢？不记得了。

就像当初的笔迹，那样的桀骜飞扬，是什么时候开始变得温柔圆润，与曾经判若两人的呢？也已经不记得了。还不到二十岁的年纪，一场文字的暗恋，风一吹，就散了。

只是那个过程，依然清晰，仿佛笔记本里的斑斑泪痕，不被时间淡化，依然承载着无言的爱意。

那一年，更是年轻得不像话，在湘江边的一所技校学电脑。有一个说喜欢我的男生，在我生日的那天晚上，专门送来了一盒录音的磁带和一块随身的玉佩，以表达心意。

但是当时，我捧着礼物，心里又恐惧又讶异——

我觉得他比我大那么多，都二十好几了呀，怎么可以……喜欢我的人，应该与我一样青春年少才好啊。

他约了我在江边见面，我带着磁带和玉佩，夜奔而去，只为去拒绝他。我的脑袋里幻想着电视剧和小说里的桥段，女主角去拒绝一个人，恶狠狠，气呼呼，咬牙切齿，说出来的每一字每一句都像是刀子，直至将对方伤得体无完肤，最好连卷土重来的机会都没有。

秋天里的风有些萧瑟，一下一下扫在我的脸颊上。江面上霓虹荡漾，有夜鸟低飞，翅膀发出温柔的声响。而我的心是刚毅的，是铁骨铮铮的，那一刻的刚毅，甚至等同于某种誓死不屈的勇气和决心。

我走到他面前，他笑起来，路灯的光晕下，能清晰地看到他嘴角青色的胡茬，还有，微微滚动的喉结，胸前的肌肉轮廓……是的，他已经是一个成熟的男人了。那一层莫名的恐惧感再次降临了，我对着他大声尖叫："我不喜欢你，永远不！永远不！"

然后，我把磁带抽出来，甩在他面前；又把那块玉佩——绳子上还残留着他身体气息的玉佩，摔在地上。转身，扬长而去。我记得，离开江边的时候，心像是要跳出来，一直不敢回头去看他的脸。

那一夜，我辗转难眠。

第二天，去食堂吃饭，远远地，就看见他和一些男生在说说笑笑，一切安然无恙，就连那块玉佩，也被他重新戴在了脖子上。那一刻，我吃不下一口饭，满心颓然。

在接下来的一段时间里，我都打不起精神来，我知道，我的内心，已经在自己臆想的一场金戈铁马里，孤独地病倒了。

可是我是从什么时候好起来的呢？还真想不起来了。后来，匆匆从技校结业，跑去南方打工，与从前的同学也就慢慢断了联系。只是在有人提及那座城市的时候，那一段孤独的往事，还是会像夜鸟的翅膀一样，温柔地掠过内心。

那一年，在月光如水的夜晚，一个人绕过白雪覆盖的操场，只想去他的寝室，看一看他的床铺，想象他熟睡的样子。

那一年，翻过十几里山路去取他的一封来信。野蔷薇开得漫山遍野，心里的花也开得漫山遍野。打开信后，捂在胸口，舍不得一口气看完。为了买一种好看的信纸回复，可以汗流浃背地跑遍小镇的街。

…………

后来呢？时间过得那么快，后来很快就到了现在。现在陪伴在身边的人，却是另外一个他。有时候，会争吵；有时候，会负气。于是，经常会想起，与他之间的那些清白如玉的过往——彼时的他，温良沉静，有着孩子一般的笑容，会省下一个月的工资，给我买礼物……想一想，心就会柔软下来。

然后，日子继续过下去。

你也曾在青春的年代里，奋不顾身地痴迷过某一个人，某一件事，某一种时光吗？

你也曾无心伤害一个人，也曾以一种信念，孤独地坚守对青春的赤诚吗？

你也曾闭上眼睛，感受过生命之河在头顶流动的声响吗？

茫茫世事，重重山水，仿佛只是一个转身，很多事都没有了结局，很多人都没有了消息。唯有过程，念念不忘。也正是那些过程中的酸楚、艰辛、美好、咸苦……构成种种况味的人生。念念不忘，犹如回甘。

所以，我们在埋首前行的时候，知道要停下来，审视一下内心，擦拭一下被沧桑和疲惫蒙蔽的眼睛。我们终将有一天，会与生活握手言和，温柔相对。

后来呢？

后来就到了暮年。

那个时候，你将发现，哪怕是曾经仇深似海的人，也已经恨不动了。

如果，那个时候，你还可以微笑着细数那些五味杂陈的过程；如果，那个时候，恰好你爱着的人，还在身边，或还在世间，那便是莫大的幸福了。

爱自己
是终身美好的开始

○
○
●

你总以为少了某件物品就过不下去了，然而未必，就像少了某个人，你的世界也不会崩塌。

▶▷ **愿有
岁月可回首**

　　一个人，如果有回忆暖着，即便身处暗夜，也
不至于怆然独行。

　　在我上小学时，父亲与人合伙承包了生产队的果园。果
园背山临水，腰间有一条小马路通往镇上，坐在山坳里，不
时有拖拉机"突突"地从头顶经过。我很喜欢去那里，因为
不仅可以尽情撒野，还可以和小美一起玩。

　　小美家就在果园边上。她大我两岁，已经小学毕业了，
没有去上初中。在家里，她什么活都干，挑水砍柴，洗衣做
饭，放牛喂猪，样样做得麻溜利落。

　　不用上学时，我大部分时间都待在果园。遇着父亲守园
的日子，我就被派去送水送饭，拎着一只竹篮，碗筷的一侧
还放着刚布置下来的作业。经常，我趴在水库边的草地上，
面前摊开一本书，写写画画的间隙，就会看到一只只大头蚂

蚱在书页上跳来跳去。

　　小美说，蚂蚱是可以烤来吃的。我一听两眼放光，立马从父亲那里讨来火柴，又扒拉了枯草和树叶，点起了火堆。小美很快逮了几只蚂蚱，她用尖细的树枝刺穿蚂蚱的身体，然后把它们架在草火堆上。烤熟后的蚂蚱，大腿香脆，吃起来有一股青草的味道，我曾打开过它们的翅膀，像小小的折扇，很美。

　　小美有做不完的事，不像我，除了写那么一点作业，就是游手好闲。她做事的时候，我就跟在她屁股后面，时不时地搭把手，只盼她快点得空。我对她很是崇拜，觉得她脑袋里装了好多我不知道的事情，比如怎么变美。

　　那简直是上天额外馈赠给我的小时光。我们一起去梨树园里打猪草，那里的梨树长得参天，从山下一直延伸到山腹，然后与山林融于一体。猪草不一会儿就装满了畚箕，我们就躺在山脚下说话。太阳晒得让人犯晕，身边的商陆却饱满得要涨出汁来。鸟很喜欢吃商陆，它们在梨树上蹲点，鸟粪拉在树干上，也是白里透红。我们将商陆称为洋红，因为可以用来做冒牌的红墨水。

　　小美说，洋红是用来染指甲的。小美摘下几串商陆，挤破一粒，把汁液细心地涂在指甲上。她的手有些粗糙，指甲里还有残留的草渍，但她将手指踡在掌心，小心翼翼的样子，就像在维护着女孩子天生的精致，让我也情不自禁地要去学她——将树杈一样张开的手指收拢起来，不再吊儿郎当。看着指甲一个个由普通的肉粉色变成透亮的紫红色，整个过程，如同经历一场美的洗礼。

有次在小美家里，她拿出一件妈妈的胸罩，白色的棉布款，很是轻薄，也没有海绵，腋下系带，罩杯的部分走了一圈一圈的缝纫线，用来保持硬度和形状。小美将胸罩戴在身上，套上妈妈的裙子，又找了两双袜子垫在罩杯里。然后，她给我唱花鼓戏。她扮演的是胡大姐，手持纸扇，眼波如丝，声线婉转，我在一旁听得痴迷，抄了一根扁担，戴上草帽，也假装是砍樵的刘海。

盛夏的黄昏，我们在井边洗头，用一支"青春"牌的洗发膏。空气中萦绕着好闻的香气，在井水的倒影中，夕阳慢慢收敛锋芒，天边也堆起了软糯的红云。我看着小美水盈盈的侧影，就问她："你长大了想做什么？"小美捋着头发，顿了顿说："我想唱戏。"

村里孩子多，少不了打架扯皮。我印象中，小美总是伶牙俐齿，吵架从不会输。只有那一次，有顽劣的男孩子说她，"你是捡来的！"接着，一大群孩子起哄，"捡来的，捡来的……"小美像中了撒手锏，瞬间就颓然了，垂着脑袋，斗志全无。

小美是收养的，她自己知道。从小，她在家中的待遇就和两个哥哥不同，她要做很多的活，得到的，却是很少的关爱。但她不怨妈妈，"如果没有妈妈，我小时候可能就饿死在马路上了"。

小美希望自己快些长大。她说："我在等十六岁。有了身份证，就可以去南方打工，可以赚钱寄给妈妈，让她高兴。如果有多余的钱，我就去学唱戏，要是有天能登台表演，让我吃再多的苦，我也愿意。"

我说："我想当大学生，去很大的城市读书，工作，然后人五人六地回来，穿好看的衣衫，开屁股冒烟的大车，拖拉机不要，至少一次能捎十几个人的那种，把我爸妈接走，然后谁想去我那儿玩，都捎上，每次捎一大串。"

那时的我们，还不懂得怎么说梦想。

只知道那样说着话的时候，天上的流云倒映在井水的波光里，格外圣洁温情，心里也似有火焰在跳动，小小的，却是茁壮有力的，在我们之间，彼此照耀，惺惺相惜。

第一次见到小金姑娘的时候，她正在阁楼上煮稀饭。稀饭开了，"咕噜咕噜"地冒着泡，她蹲在旁边，用筷子画着圈搅动着，嘴里哼着一首流行的曲子。

那时我初中刚毕业，已经不打算继续上学了，就去了远房亲戚的手套厂打工。亲戚嫌我年纪太小，我妈说了很多好话，他才勉强答应，让我先试试，然后把我领到宿舍。

一幢有些年代的红砖房，四周种满了壮硕的泡桐树，枝叶敦厚浓郁，光线幽深，墙脚生长着旺盛的青苔和蕨类。房子被手套厂老板租下后，简单布置一番，就成了工人的住所。楼下住生产车间的男工，二楼是阁楼，我和小金姑娘同住一间。

我们都在包装车间做事，作息时间一致，几天下来，就成了朋友。上班时，我就坐在小金的身边，她暗地里没少关照我。坐在我们周围的，都是附近村镇的妇女，工资按件计算，半成品有限，僧多粥少，吵架是常有的事。我不敢和人争抢，只好用几只报废的手套偷偷练习，怎样快速地翻转，检查有无破损漏气，怎样娴熟地打包盖章。那时并没有过多的心思，在学校时曾有过的理想，早已烂在了肚子里，只希望多赚一些钱，好给妈妈看病。

小金大我一些，左腿微微有些跛，但不影响走路，也没影响她的性格。她大大咧咧，嘴巴又甜，和厂里的人个个熟络。没有事做的时候，她就去楼下借书，大多是金庸的武侠小说。书拿上来了，我们就坐在楼道上，脑袋挤在一起，看得滋滋有味。

待天色暗下来，我们早早地躺在竹床上，一人一把蒲扇，不紧不慢地说着话，一般都是讲书里的人物和情节。我说我喜欢小龙女，好看，还有绝世的武功；她说她喜欢陆无双，可爱又不古板，还有，和自己一样，都是跛脚的姑娘……有风的时候，窗外的树叶"哗啦啦"地响，白色的蚊帐在我们身边鼓起来，像水波上涨起来的帆。

楼下的男工们喜欢打牌，大部分情况都是前半夜吵吵嚷嚷，后半夜鼾声如雷。他们知道如何偷电，经常光着膀子吹风扇，灯光则彻夜不灭，又像爬藤植物一样从我们楼板的缝隙里长出来。夜间，我和小金就是踩着那些光的藤蔓，绕过楼道，走下露天的阶梯，去附近的菜地里上厕所。

厕所是公用的，和宿舍之间隔着一条泥巴小路，两边虫声吱吱，此起彼伏，地里的南瓜藤爬到小路上，长得格外青翠丰腴，叶片毛茸茸的，时不时地，就挠痒我们的脚脖子。

有一次晚上，停了电，天气又热得出奇，我和小金只好到南瓜地里去歇凉。身边萤火虫半明半寐，煞是好看。一抬头，就能看到旋转流动的星河。马路上汽车的灯光，慢悠悠地扫过山峦，我们并肩坐在一起，听着长一声短一声的狗叫，小声又轻柔地聊着各自的愿景。

不说话的时候，我们就望着远处，我们知道，山的那边，就是镇上。小金说，她存了一些钱，过两年，想到镇上租个门面，开个服装店。她也想过要去南方打工，但父亲去世后，她妈妈的精神就出现了问题，这些年全靠奶奶照顾。奶奶身体不好，走远了，她不放心。

"我妈妈，现在就是个小孩子，每天要吃糖。我每次回去，都到镇上给她买一堆糖，她见了我就特别高兴，晚上也要我抱着睡。以前，她脾气可大了，现在，就像个面团一样，成天笑嘻嘻的。"小金姑娘停顿了一下，又补充，"见谁，都是笑嘻嘻的。"

"但是——"我想说些什么，又和着唾沫咽了下去，安慰终归是无力的，生活的本质，永远高过言语的虚空。"但是——"小金姑娘扭过头来，眼神灿亮，"但是只要活着，就是好的。人活着，就会有盼头。"她跟我说，也跟她自己说。

月上中天，空气里的温度渐渐降下来，起了夜风，吹得南瓜叶沙沙起伏，如温柔的水波。萤火虫擦着我们的肩膀飞过，在浓稠的夜色中发出微光，呼朋唤友。我们不约而同地张开双臂，就像鸟打开翅膀，风从腋下凉飕飕地穿过去，身体也轻盈得要飞起来。

但我们是冒牌的鸟，真正的鸟，那刻正栖息在高大的泡桐树上，养育儿女，繁衍生息……

"活在这珍贵的人间，太阳强烈，水波温柔。"离开家乡的很多年后，我牵着女儿的手在湘江边漫步。几只白鸟停在江心洲上，支着细长的腿，低头觅食……老渡口边，一条渔船在水波中轻柔地摇曳，船夫坐在船头，打着一个结结实实的盹。

望着粼粼的波光，我教女儿念海子的诗歌，一字一句，感触莫名。年少时曾踮脚仰望的幸福，如今，已安然握在手心。

一个人，如果有回忆暖着，即便身处暗夜，也不至于怆然独行。

那些曾与之同船共渡、肝胆相照的陪伴，都是生命里珍要的部分。

而在浓烈的阳光下怀缅过往，更觉山河故事皆情重。

这世间哪一样渺小卑微的生命，不在努力地活着？

或是为了儿时许下的璀璨的梦想，或是为了匍匐于泥淖亦不肯丢弃的盼头。

愿无岁月可回首。

愿有岁月可回首。

愿此后在彼此看不到身影的岁月里，我们都活得熠熠生辉，发出温柔的光芒。待到容颜枯萎，眉间的尘埃深重，依然能够心如少年，坚韧，清亮。

▶▷ 打碎"自卑"的壳

世界是一面镜子，透过内心，折射出生活的光
影万象。而自卑，本质上也是一种对自我的成见。

那一天，是她第一次和他见面。

虽然之前在网上认识了一段时间，彼此印象都很好，但
真正要见到他的时候，她还是有些迟疑。

或者说，不自信。

他真的喜欢这样的我吗？赴约之前，她换了差不多十套
衣服，对着镜子，一遍一遍问道。

会的吧？他曾经说过，喜欢善良、上进，和自己有共同
兴趣的女生。

她可以和他用文字聊上一整天，从风花雪月到人生哲学，
从一个策划案到一只流浪猫，一切都非常投契。

她勤勤恳恳地工作，经常受到上司的表扬。工作之余，

她还在自学外语，不忘给自己充电。她相信，只要努力，自己就会有明亮的未来。

她也相信善意是一个人内心的珍珠。

但是，镜子里面的姑娘，个子不高，瘦瘦的。身材嘛，近乎扁平。长着一双清澈的大眼睛，可是鼻尖上，又有一群"叽叽喳喳"的雀斑。

唉，真的算不上一个出众的姑娘。

算哪一种呢？或许就像室友说的，她是丢进人堆里就找不着了的那一种。

所以，当阳光帅气的他，从巷子深处一步一步走近自己的时候，她还是很不争气地脸红了。

而她的脸一红，鼻子上的雀斑就更明显了。

要命的是，他的声音也那样好听，简直就是浑身会发光。

她双手绞着提包的带子，像是有一只兔子钻进了心里，正在莽撞地乱跳。

低下头和他说话时，她的声音瓮瓮的，那一刻，她似乎突然就明白了，为什么一个人见到喜欢的人，会低到尘埃里。

那样的季节，巷子里开满了蔷薇花。

一朵一朵的单瓣蔷薇，在阳光下，努力又羞怯地盛开着。

风一阵一阵地吹过来，吹得脸痒痒的，心也痒痒的。

她抬头，依然不敢看他的侧脸。

但借着清淡的花香，她还是鼓起勇气问了一句："你，喜欢玫瑰，还是蔷薇？"

——当时，正好有一对情侣向他们迎面走来。那个男生，抱着一束大大的玫瑰花，胳膊上则挂着一个身材曼妙的美人儿，一如精致而娇艳的玫瑰。

真是无懈可击的完美啊。她在心里暗叹。

她又低下头去，想起刚才问他的问题，竟有些微微的懊悔。

"玫瑰娇美、丰腴、香气馥郁，的确会有许许多多的人喜欢。可是，有什么办法呢？在这个世界上，总会有人偏爱——单瓣的清瘦的蔷薇。"

他看着她，眼睛里盛满温柔，又道："就像我一样。"

她恍然。

一时间，迎上他的目光，不知道说什么，只好傻傻地笑起来，笑得鼻子皱皱的。

但她知道，自己心里那块叫作"不自信"的坚冰，正在一点一点地化掉。

是的，在这个世界上，每一朵小花，都应该正视自己的美丽，每一棵小草，也都可以拥有参天大梦。

就像在这个世界上，有人钟情玫瑰，有人偏爱蔷薇，有人喜欢白菜，有人热爱萝卜……甚至，一个人的砒霜，正好是另一个人的蜜糖。

子非我，安知我爱？

而两个人的爱情，在旁人看来，有的是完美的圆弧，有的是坚毅的三角，有的是闪耀的星形……却总有人，只偏爱刚好可以契合自己的那一种。

她的网络名字，就叫蔷薇。

网络上曾流传着一个很火的视频。

某国际知名清洁用品品牌做了一个抽样调查，对象是全世界的女性："您认为自己美丽吗？""您对自己满意吗？"

结果显示，仅有百分之四的女性认为自己是美丽的，对自己相貌身体满意的更是寥寥无几。

于是，该品牌邀请了其中的一部分女性来到一间画室，让她们各自描述出自己眼中的样子：

"请描述一下你的头发，你的下颌……"

"我的下巴……嗯，稍微有点弧形，尤其当我笑起来的时候。"

"我的下颌很大，我妈妈说过我的下颌很大……"

"你对自己外貌最不满意的一点是什么？"

"我的脸很大""我的额头太宽了""我的皱纹很多"……

隔着轻盈洁白的纱幔，是一位 FBI（美国联邦调查局）的专业人像画师，正在为她们画像，画笔在纸上严谨又熟稔地飞舞，根据对方口中的描述与想象，一幅幅画作即将成形。

画像完成后，她们暂时离开。

第二天，被请入的，则是见过她们的对应的陌生人。

新一轮的描述正在进行：

"她很瘦，所以可以看到她的颧骨……"

"她的下颌……嗯，非常漂亮，很瘦……"

"她的眼睛很漂亮，每次她说话的时候，眼睛就好像在发光。"

"她的鼻子，很可爱。"

"她有一双蓝色的眼睛，漂亮的蓝眼睛。"

…………

新一轮的画像也随之完成。

她们再次被请入画室，观看自己的两张肖像画，一张是自己心里的样子，一张是旁人眼中的样子。虽然有着不同的国籍，不同的种族，不同的年龄，不同的相貌，但那一刻，她们几乎都流露出了相同的神情，先是紧张，再是惊讶，最后是释然、欣慰、愉悦、感动。

"这张是感觉自我封闭的样子，有些难过，还有些胖……嗯，这是我描述的自己。"

"第二张看起来更快乐，更友好，也更开朗。"

"我应该感谢上苍赐我的容颜，感谢这张脸让我结交到朋友，应聘到工作……"

空旷的画室里，画师与她们亲切地交谈，落日的余晖温暖地照耀在画像上，呈现出神圣的力量。

"你觉得你比自己认为的更好吗？"

"是的。"

"我们平常花了太多时间去修正已经很完美的东西，却忘了应该花更多时间来欣赏我们真正热爱的事物。"

——视频的结尾，其中一个重拾自信的姑娘，拥抱着她的爱人，嘴角有微笑，眼角有泪光。

灿烂的阳光洒在她的脸上，真的很美。

多年前，我与安安相识。

那个时候，她大学刚毕业，在父母的安排下，进了一家小企业做会计，整天与一堆数据以及人情打交道，心里难免有不想和家人吐露的苦水。

于是，渐渐熟络之后，我们经常会约在城中的一家咖啡馆消磨心事。

但不管话题怎样，她总是能把起因归结到自己的体重上去。

"就是因为我太胖了，同事排斥我，领导不喜欢我。这个世界果然是瘦子的！"

"男朋友对我忽冷忽热，上次和他的朋友们聚会，我把自己咬牙切齿地塞进一条中号的裙子里，结果把裙子撑开缝了，他的脸当场就黑了……"

"减肥再次失败。看着镜子里的自己，真的太自卑了。"

"生活啊生活，你何时将我善待？"

…………

那个时候的安安，就像一个走在死胡同里的人，捂住耳朵，满目逼仄，看不见更远的风景，也听不到外界的声音。

现在的安安，是一家咖啡馆的老板。

也是我眼中的一位独具风情的美人。

《幽梦影》里说："所谓美人者，以花为貌，以鸟为声，以月为神，以柳为态，以玉为骨，以冰雪为肤，以秋水为姿，以诗词为心。"

诚然美人如斯。但我还喜欢另一种解释：所谓美人，就是能给你带来美好感受的人。

相比从前，现在的安安依旧微胖。

但微胖又怎样？谁也不能否认，她身上散发出来的自信与优雅，真是令人如沐春风。

而且，没有必要去迎合别人的审美标准。

安安的蜕变是从什么时候开始的？

或许还要提一下那一次可怕的减肥经历。

她曾服用过量的减肥药，导致肠绞痛，差点挂掉。

事后，她一个人躺在床上，奄奄一息地感受着窗外的日夜交替，清晨的沿街叫卖声，中午的饭菜香气，黄昏的万家灯火，到了深夜，整个世界都安静了下来，空气死一般沉寂，睁开双眼，仿佛就能看到时间流动的形状。

她终于忍不住哭了。

她想，一个人的生死哀乐、爱恨别离，在这广袤恒常的时空里，到底算什么呢？不过是沧海之中的一粒芥子罢了，就连一个浪头，都无法搅动。

那么，自己的一颗心为何还要在针尖上安营扎寨，受尽折磨？

她不断地询问着自己，原来答案就在转念之间。

按照西谚的说法，一个人的外在，就是灵魂的房子。

以此类推，脸为墙，眼眸为窗，唇齿为阳台……如果没有精致奢华的条件，只要主人肯用心打理，悉心布置，不十分迷人，也是可以足够怡人的吧——闻之清香，观之心旷。

世界是一面镜子，透过内心，折射出生活的光影万象。

而自卑，本质上也是一种对自我的成见。

那些觉得自卑的人，不过是因为不敢面对自身的不完美，更不敢勇敢地将别人的偏见打碎，重塑内心。

那些耽溺自卑的人呢，早已经把那些自卑做成了一个壳，是背负之累，也是逃避之所——是啊，退缩多容易，在那个"自卑"的壳里，一边折磨自己，又一边蒙蔽自己，喜欢的不敢去尝试，热爱的不愿去争取，遇到困难了就缩进去，尽可苟安。

安安又想起小时候，总喜欢远远地投向妈妈的怀抱，像一只振翅的小鸟，快乐又自信。

而那些年，她一直踮着脚努力追逐他人的目光，却一直忽略了，妈妈的眼睛里，其实有着全世界最真实、最干净的镜子。

也正是那次减肥经历，让安安把心里的疙瘩和拧巴都想清了，理顺了。

既然不能换一副皮囊，就只能换一种心境，也换一种活法——不再聚焦于自身的缺点，而是放眼余生，过好每一个当下。

从此之后，安安就像变了一个人。

她还是会坚持跑步、登山，却不再是为了讨好别人——紧致的皮肤、健康的体魄，谁都想拥有。

就像她知道了怎样去努力追求自己真正喜爱的事物，也懂得了如何学着放弃那些虚无缥缈的东西。

她会尽可能地对身边的人保持耐心，也不再向着内心诉苦抱怨，投放负能量，而是尽量地多信任自己，尊重自己，善待自己。

真正的善待，也不是物质的堆积，精神的放松，而是时刻与生活保持美好的联结，是不断为自己的精神补给食粮，为自己打造一个富足的内心世界。

后来，她辞了职，在家乡开了一家咖啡馆。

咖啡馆小小的，但足以盛放梦想。

闲暇的时候，她重拾画笔，为儿时梦想过的画展做准备。

在一次登山的途中，她又邂逅了现在的恋人。

一周回一次父母家，她会跟妈妈学习做菜，或者陪爸爸下棋。

时间慢慢流逝，再后来，她就成了现在的安安。

　　我很喜欢安安咖啡馆里的一幅画，一个姑娘站在山顶，张开双臂，像风一样自由。

　　那是安安的作品。

　　画上还有一句话：善待自己的人，才会被生活善待。

谁曾把你的照片 ◁◂
放在钱包里

　　能够把你的照片放在钱包的人，一定是珍爱你的那个人。

微信群里有人问："要怎样才算爱一个人（被一个人爱）？"
这样的问题，丢在女人堆里，最容易一石激起千层浪，毕竟对于爱情这回事，人人心里都有一本经。

　　我感冒的时候，他放下工作给我熬中药，一小匙一小匙地喂给我喝。
　　他负责赚钱养家，我负责貌美如花。
　　愿意为他付出，不管是钱，还是时间；不管是情，还是身体。
　　爱我的灵魂，而非容貌。
　　对方开心，你幸福；对方受伤，你心疼。

为对方端屎端尿。

爱他就像爱生命。

…………

我想了想，回了一条："把对方的照片放在钱包里。"

或许在很多人看来，这一条放在爱情里并不足以惊天动地，然而于我而言，能够把你的照片放在钱包的人，一定是珍爱你的那个人。

很小的时候，我看到邻家姐姐用硬纸盒和挂历制作钱包，长方形，两侧有折页，里面装着仕女香卡、零钱，还有男生的照片，一打开暗扣，芳香扑鼻。

钱包里的男孩子，留着中分的发式，有几分郭富城的帅气，是姐姐的校友，住在我们隔壁的镇子上，与她相互喜欢，经常通信。

不过他们还是分开了，原因无从知晓。

只记得当时姐姐把自己关在房间里，放声大哭，然后把信件全部烧毁，包括那个钱包。

一段时间后，那个男孩子去了北方上大学，姐姐也随之南下，并很快结婚。

而她带回来的新郎，分明有着与故人相似的眉眼。

后来，我的照片也被人放进钱包。

二十岁与一个人恋爱，清水芙蓉的年纪，在照片里浅浅地笑着，眼神也如春天的湖泊，可以映照出两情相悦的幸福。曾经的我们，都是那样毫无保留地爱着对方。

H小姐曾跟我说起她年轻时的一段偶遇。

那年她大学毕业，独自一人去湘西旅游，却不小心在山道上扭了脚，幸得一位路过的男士照顾，将她背在身上，走了很长的一段山路。

她说："那样的年纪，爱上一个人，一段山路就足够了。"

更何况，他又陪她去药店，还在路上给她买好看的印花布娃娃。他告诉她，他在北方经商，这一次，是只身来湘西度假，有完全属于自己的三天。那三天，他每天都去酒店接她，送她，然后一起到景区闲逛。长河流动，寂静星空，他们背靠着背坐在山坡上聊天，她惊叹于他的博学，也沉醉于他的魅力。那一刻，她甚至打算，要到他的城市去工作，她还想象着，他们之间故事的诸种可能……

然而让一切戛然而止的，竟是她无意看到他钱包的那个刹那，女人的直觉告诉她，那照片里的人，正是他优雅的妻。

一个男人可以把十个女人放在心里无声无息，却只能把一个女人放在钱包里昭告天下。

所以那份感情，还没有开始，她已选择了结束。

前几年的某一天，我在菜市场买黄鳝。那时正值下班高峰期，水产店的生意很不错，过秤，宰杀，打包，片刻店门口就排起了好几个人的队伍。

站在我前面的，是一个中年男人，微微地发了福，面相上便有了乐天知命的气质。印象里，他好像是附近银行里的职工，喜欢嚼槟榔，嘴巴永远在动，和店家说话时，空气中也流动着槟榔渣子的气息。

付款时，我看到他的钱包里夹着一张女人的照片，是打印出来的那种大头照，照片里的人，妆容有些过时了，但笑容真实如新。

"我老婆，好看吧？"见我在端详照片，他干脆把摊开的钱包递过来，很大方地问我。

我点头，掩饰自己的不好意思，"好看呢。"

"就是啊！"他毫不客气地附和道。又告诉我，"爆黄鳝的时候，锅底加一点腊肉最好啦，七分肥，三分瘦，提鲜还去腥……对了，再放点水芹，我老婆最爱吃了。"

说话间，他顺便接过一袋宰杀好的鳝鱼，整张脸显现出流光溢彩的甜蜜。

"好好好，我一定试试。"

不知为何，那一刻，在蝇虫飞舞、污水横流的菜市场里，他脸上璀璨的甜蜜竟没有让我觉得有任何的不合时宜。相反，落在眼里，倒是自然又贴切的，瞬间就触动了心底的那一根弦——以至于后来一吃黄鳝，就会想起他的话，以及他打开钱包时的爱意与温柔。

"我一生渴望被人收藏好，妥善安放，细心保存。免我惊，免我苦，免我四下流离，免我无枝可依。"

和世间的很多女人一样，年少时的我，也曾有过这样的幻想，有一个人，会爱我懂我，把我的照片放在钱包里，贴身保管。

成年后经历了世事，被爱情所伤，为爱情所苦，又一度认为，这样的句子，不过是女人给女人画的饼。

然而不是。

你或许自认为千帆过尽，看淡爱情，却不得不承认，这世间依然有美好的爱情，真真切切地存在着，鲜活着，在风花雪月的浪漫里，在柴米油盐的日常里，也在根深蒂固的记忆里。

▶▷ 不要把暧昧当成爱情

　　　　　　可怕的是，你拿着别人的感情试吃，却当成了
自己的唯一定制。

　　某丫恋上了一枚文艺大叔。

　　文艺大叔是某丫朋友的朋友，单身，英俊，四十出头的年纪，有几个闲钱，又有几分闲情，很是讨姑娘们的喜欢。

　　文艺大叔也"织"微博，贴一些摄影图片，说一些无主情话，或传一段尺八的音频……经常引来大批人点赞。在自己精心经营的文艺地盘上，他把生活酿成了一杯红酒，一不小心，就醉倒了某丫。

　　某丫如获至宝，于是发起痴来，要将追求文艺大叔当成人生中最伟大的事业。

　　而文艺大叔呢？

　　文艺大叔并不拒绝某丫——某丫二十出头，对爱情有着

浪漫的幻想，经常在肥皂剧中做对号入座的梦。某丫身上，青春的味道也依旧深浓，很是符合某些人对萝莉的定义。

某丫给文艺大叔送小礼物，送手写信，文艺大叔都欣然接受。

她请文艺大叔喝咖啡，文艺大叔就顺便把单买了。

她陪文艺大叔去健身，用手机给他拍照片，隔着玻璃墙，笑得艳若桃李。

…………

文艺大叔不主动，但文艺大叔也不拒绝。

不拒绝，已经让某丫非常感动了。

她想，可能追求文艺大叔，并没有之前想象的那样长路漫漫，坎坷艰辛吧?

大约一个月后的某一天下午，某丫带着一颗朝圣的心，被文艺大叔请到了家里。

"这里的书，你可以随意翻看。"

文艺大叔站在书架墙旁边，对某丫说道。

午后的阳光洒在文艺大叔身上，温暖极了。他看了一眼窗外，嘴角随即挑起一道优美的弧线。

可是某丫看不懂，那些书，一溜儿都是国外原版的。

某丫觉得，文艺大叔比书好看多了。

文艺大叔又吹起尺八来，沧桑辽远，空灵沉静，犹似古时人，就像诗歌里所说的，"像候鸟衔来了异方的种子"……

这次某丫听得很享受。据某丫说，当时境况啊，自己为他赴汤蹈火也愿意。

当然，文艺大叔不会让某丫赴汤蹈火。

他只是在某丫心醉神迷的时候，点到为止地吻一吻她的额头。

然后，优雅地煎上两块牛排，倒上红酒，对她说一个漫长的文艺得不得了的爱情故事。

然后，在天黑之前，给她一个不深不浅的拥抱，再目送她离开。

其实，那天，某丫倒是很期待发生些什么的——对于一个自己又喜爱又崇拜的男人，她觉得那样的期待，一丁点都不过分，甚至，还是神圣的。

那天晚上，某丫抱了个枕头睡觉，一闭上眼睛，就是文艺大叔的样子。

某丫失眠了，她爬上了微博，想用文字记下那个下午——在追求文艺大叔的爱情征途上，绝对算是一个有着里程碑意义的下午。

就那样，某丫发了一个长微博，还特意艾特了文艺大叔。

某丫没想到，文艺大叔居然转发了。尽管只是系统默认的"转发微博"四个字，却依然让她的心怦怦跳了好久。

某丫甜蜜地想，这算不算是文艺大叔对我的认同呢？

第二天，某丫收到了几条私信。

有一个人，没头没脑地骂了她一句。

有一个人，祝福了她。

有一个人，是卖粉丝的。

还有一个人，自称爱了文艺大叔三年的女孩子，让某丫早些醒悟，因为文艺大叔不会对任何女人动心。

最后，女孩子说，文艺大叔能给你的，全部加在一起，也不过是暧昧而已。

某丫心里有些不高兴。

进入女孩子的微博，好像都是为了一个人而发。她一条一条翻看下去，很快，就看到了自己的影子。

"今天听了他的尺八，还尝了他煎的牛排，虽然吃不惯，但还是好感动。"

"今天与他共进晚餐，听了一个关于他的漫长的爱情故事。谢谢他信任我。好希望，有一天能成为他故事里的女主角。"

…………

某丫有些蔫头蔫脑了，心里不断有酸涩的东西在流动。

"他爱健身，爱摄影，爱各种事物。其实他最爱的，还是自由和自己。"

"暧昧，就是小剂量的毒。幻美，虚无，你若不能及时抽身而退，长久必定伤身又伤心。"

"他对你没有爱，他只是恰好爱着，被人爱着的那种感觉。"

…………

流行歌曲里唱着："他不爱我，才舍得暧昧……他不爱我，才宁愿自由。他不爱我却总是这样看着我。不爱我，是我不敢承认，暧昧是他唯一会给的……"

不爱你，才舍得暧昧。

暧昧是他唯一会给的。

暧昧是什么？

暧昧不是爱情的前奏，也不是爱情的另一副面孔。

暧昧只是某些人无师自通的不主动，不拒绝，不负责。

"暧昧，就是小包装的感情试吃。你可以不付钱免费品尝，我也可以大批量分发。"

是的，暧昧并不可怕。

有时候，不过是你情我愿的东西。

那么可怕的是什么呢？可怕的是，你拿着别人的感情试吃，却当成了自己的唯一定制。

爱情的赌徒 ◁◂

每个人都只有一生，你怎舍得浪费给不值得的人。

风信子小姐在和一个已婚男人交往。

五年了，一直瞒着朋友和家人。

在生活中，她一直是个大家都公认的乖乖女。到什么程度呢——就是如果她说她在跟已婚男人交往，都没有人会相信。

可是，正因为如此，她才感觉异常痛苦。就连表达痛苦的方式，都只能选择在夜深人静的时候，一个人蒙在被子里哭。

这样的痛苦，甚至等同于在爱情中所受的煎熬。不能见光的感情，也将是注定苦涩大于甜蜜的吧。

她说："有时候，我真的很羡慕那些天生反骨的女孩子，可以不管不顾地去追求自己的生活，或许更好，或许更坏，但总不至于是我现在这样，日复一日地伪装和消耗。"

她说："我都出现心理问题了……"

我问："那为何不选择离开？我希望你能够正视这个原因，而不是来找我做一次单纯的倾诉，从而得到安慰。"

"不甘心。"

是啊，五年了，最初的爱已经在一次又一次的争吵和猜忌中消磨，如今还剩下什么呢？

也只有不甘心了。

另一位 B 小姐，她爱上的人是她的上司。

据她所说，对方是一个很有魅力的男人，她跟他在一起七年都相安无事。

当然，不是他表现得有多么滴水不漏，而是她足够为他设身处地着想。

因为她从不主动要求什么，也从不打扰他的生活。她觉得，爱情这回事，你情我愿就好，又何必在意形式。

直到有一天，发现自己的眼角开始有细纹爬上来，她才开始认真地思索，这一份绵绵无绝期的等待，是不是真的值得。

比如，走在异乡的街头，节日的氛围无孔不入，灯火漫天的城市，晃过一张张幸福的脸，她抱着他用电话为她订好的鲜花和礼物，感觉没有一点温度。

街道的对面，一个女孩子背了廉价的包，上面镶着夸张的 LOGO，正在霓虹灯光下奔向她的男友——那个男生，会弯腰给她系好鞋带，也会举起一只烤红薯，小心地吹着气，慢慢剥开来，一口一口递给身边人。四目相对，温柔满溢，抵得过千金富贵。

不久后，B 小姐的上司要调到国外任职，归期遥遥。

她知道，陪同他的，还有他的妻儿。

临走之前，他约她出来说："如果你愿意，你再等等我……我知道，你是最懂我的……如果有下辈子，我一定好好补偿你。"

她不知道还要不要等他。

于是问我："打败爱情的是时间吗？"

"不。时间是无辜的。"

他心里对她有多少爱呢？远远不及他对自己的爱吧。

一个女人的青春，有多少个七年，人生又有多少个七年？

更别说下辈子了。

如果真的有下辈子，他这辈子有一百个理由让你等下辈子，下辈子他就有一千个理由让你等下下辈子。

人不惧等待，唯独怕无望。

我问风信子小姐："你真的还要继续这段感情吗？"

她不说话。

或许还是因为"不甘心"吧。

这不甘心，多像一个赌徒说的话——输掉了这么多，我不甘心。

而她，就做了爱情的赌徒。

就像生活中的赌徒，每下一次注，每输一次，心里都会疼痛万分，但依旧会用之前胜利的记忆来麻痹自己——我也赢过啊，那赢过的感觉多么好，君临天下，千金复来……或许，或许就在下一次呢？

可总是事与愿违。

输一万，不甘心，输十万，更不甘心。

于是输了一次又一次，越输越多，最后把本钱也全部搭进去。

你想赢，却不知道，收手就是赢。

每个人都只有一生，你怎舍得浪费给不值得的人？

亲爱的风信子小姐，其实你来找我的时候，我就知道你心里有了答案。

你看，你留给我的名字，"风信子"，聪明如你，一定知道风信子代表的含义——花期过后，若要再开花，需要剪掉之前奄奄一息的花朵。

　　风信子代表着重生。

　　我也期待着你的重生。

　　拿起勇气，放下执念。

　　就像你自己在心底期待的那样。

▶▷ 情感断舍离

> 环顾四周，也不是每一个进入我们生活的人，
> 最后都会成为礼物。

小薇最近与男友分手了，心情极度抑郁。

小薇妈跟我倾诉：这孩子，春节好不容易回一趟家，却整天将自己关在房间里，不吃不喝，对着手机掉眼泪，真让人担心。

我终于敲开门，小薇抬起头看着我，整张脸都是浮肿的。坐在她身边，一段长久的沉默后，她终于肯开口告诉我：姐姐，不过是旧情难断，又不能回头。

她男友的新欢，是她的同事。很烂俗的桥段啊，他们瞒着她交往，她是最后一个知道的。低头不见抬头见，她一口气堵在胸口，吐不出来又咽不下去，活活憋成了内伤。

于是狠心断了所有的退路——提出分手后，她又麻溜地

递交了辞呈。

她不仅失恋了，还失业了。

她说：只是没想到，没有他的日子，一分一秒都是这样难挨。回家后，不用再伪装坚强，但也无时无刻不在思念着他。

越思念，也就越气恼，越怨恨，如同陷入一片泥沼。

他是她的初恋，从大学到公司，在一起三年了，一千多个日日夜夜，那么多的记忆堆在心里，甜蜜与痛苦夹杂，剪不断，理还乱。

…………

我发现，整个聊天的过程中，她都一直拿着手机。

如她所说，这个手机里，保留了太多他们相爱的痕迹，那些照片、语音、视频，她都舍不得删。甚至，就连手机本身，也是见证他们爱情的信物，那是他在公司获得第一笔奖金后给她买的。

联想到一本叫《断舍离》的书，我想，小薇姑娘这样的状况，应该是很需要给感情做一次"断舍离"了。

何为断舍离？

断：断绝不需要的东西，停止负面的思考模式。

舍：舍弃多余的废物，割舍既有。

离：脱离对物品的执念，让自己处于宽敞舒适、自由自在的空间。

"断舍离"本是日本杂物管理咨询师山下英子提出的概念，本质是让人活在当下，从关注物品转换到关注自我，摆脱无效物品的"绑架"，给生活做减法，重新整理环境，清空杂念，从而享受自由舒适的人生。

记得那天看完书后，我第一时间整理了自己的衣柜，把那些多年未穿的衣服全部处理掉，然后是书籍和报刊、积压的杂物、过期的药品、厨房里无数个塑料袋……全部清理完这些平时舍不得丢弃又用不着的"鸡肋"后，顿觉环境清爽了许多。

在网络上，我则退出了一些剁手群、鸡娃群、八卦群，删除了代购广告满天飞的微信好友，取消关注了很多公众号……时间宝贵，不该随随便便浪费。

其实感情也一样。

你总以为少了某件物品就过不下去了，然而未必，就像少了某个人，你的世界也不会崩塌。

小薇虽然与男友分手，但心里并未真正地了断。

首先，逃避现实，选择了辞职，希望可以眼不见为净。

其次，执着过去，沉溺于回忆不能自拔。

再次，担忧未来，没有他的日子应该怎么度过。

而她不知道的是，当一份感情带来的只有痛苦的时候，那些见证旧爱的痕迹，以及纠结不清的回忆，就会化作思想的枷锁，情感的垃圾。

如果不能断，不想舍，不愿离，就只能被其牵绊，为其所累，继而故步自封，失去自我，不由自主地进入负面情绪的死循环，万苦皆悲，环环相扣。

看不见爱你的亲人，也忘了前路还有更好的风景。

甚至，你的身体也会受到伤害。你不得不承认，心情与生理，从来就是一荣俱荣，一损俱损，长久的悲痛和怨气，最终伤害到的，只有自己。

断舍离，首先就是让你审视自己，认清自己与这段感情的关系，你可以不知道自己想要什么，但一定要清楚，自己不想要什么。

然后，拿出勇气——

断：当机立断，清理掉情感垃圾，给心一个轻松舒适的空间，给生活更多的可能和遇见。

舍：有舍才有得，舍得一词，适应于生活禅，更适合于爱情经。

离：旧情不再，正好给自己一个新的开始。

所以，不如放下思念，放下怨恨，由伤怀变释怀。环顾四周，也不是每一个进入我们生活的人，最后都会成为礼物。

退一万步说，也不过只是一次失恋而已。根本犯不着为了一个过去，而搭进去一个未来。

你忘不了他，只是习惯了有他。

断舍离，就是要剔除掉旧的习惯。

中间的过程可能会伤筋动骨，但只要做到了，你就会长出更坚韧的筋骨，更强大的精气神。

毕竟，心如止水，才是打开前任的最佳方式。过得更好，方为失恋的最好反击。

附：《失恋治愈手册》

1. 面对。

没错，你失恋了。但是，世界依然在转，生活还要继续。

2. 宣泄。

想哭就尽情地哭吧。哭完了别忘了洗个热水澡，蒙头睡一觉。第二天起来，对着镜子说，嘿，你配得起更好的。

3. 反省。

我们为何会走到这一步? 有错改之,无错勉之。

4. 树洞。

给自己挖一个树洞:草稿箱,日记本,或是微博小号,尽可任性地倾诉。有空的时候,还能用旁观者的心态来审视一番。沉溺过去,真的值得吗?

5. 提醒。

又忍不住想去联系他了? 可以在手腕上放一个橡皮筋,犯傻时,就弹自己一下,疼痛让人清醒。

6. 亲情。

给妈妈打个电话,在爸爸的怀里撒个娇,他们永远是最爱你的人。

7. 友情。

呼朋唤友,陪君醉笑三万场,不诉离殇。

8. 忙。

何以解忧？唯有工作。不如把生活的重心放到工作中，尽量地让自己忙起来，你看，那么忙的人，哪有空悲伤？

9. 旅行。

给自己放个假，出一趟远门，不同的风景，将带给你不同的心境。

10. 阅读。

多读书，读好书，智慧的文字可以抚慰人心，也可以觉悟人生。

11. 运动。

化悲痛为力量，为肌肉，为马甲线……

12. 刷新外在。

换个新发型，换个新的穿衣风格，用焕然一新的外在，唤醒沉重的内心。

13. 享受独处。

不如把这一段空窗期彻底利用起来，顺便提升一下单身的自己。

14. 新恋情。

当"删除键"不彻底时，不妨试一试"替换键"。寻找一份新的恋情，好好去珍惜。

15. 时间。

时间可以平复一切，总有一天，伤口会结疤，往事会看淡。向前走，莫回头，我相信时间，更相信你。

►▷ 各自珍重，
各自勇敢

铭记与忘记同样艰难，而我们害怕交付，也害怕受伤。

这几个月在家乡与住所间辗转，乘坐的多是绿皮火车，几个小时的缓慢行程，似乎可以暂且脱离生活中的诸多身份。在远行的车厢里，我只是一个独来独往的旅客，沉默着，耽于视线与内心的小世界，却也觉得满足。

火车穿越隧道时，看着窗子里影影绰绰的脸，如置身一个狭长的梦境，时间成了可触摸的线状物，延绵无尽，又密不透风。只有语言是轻浮的，风干后，才能久久回味。

隧道口大丛娇艳欲滴的夹竹桃有超长的花期，从夏天一直开到了秋季，秋风起兮，头顶白云如飞絮，岁月一片清好澹明。而思绪在幻觉与现实之间沉浮，经年也仿佛一瞬。

途中看到一个手捧姜花的女孩，惊讶得让我心跳加速，就像文字中的海市蜃楼，透过时间，突然呈现在了眼前。

曾写过一个短篇小说，女主角与她的恋人相隔十二岁，他们有着同样的星座与属相，一切都是那么契合，就像爱上另一个自己。

他们因为一束姜花而遇见，姜花是他们爱情的标识，也是一种灵魂的香氛，萦绕在所有与彼此相关的记忆里，永远不会挥发。

那段时间，我常在初秋的季节里买一束姜花，辛凉素净的花香，足以撑起松松垮垮的日常。

也曾把花瓣夹在书页里，像珍藏一枚安静的蝶翅，手指拂过纸张时，会有错觉，好像那些坚硬的字句也变得温柔。

那时心里尚有无师自通的属于文艺青年的多愁善感，喜欢如姜花一般清瘦无欲的洁白花朵，也喜欢暧昧咸湿的爱情故事。

在无数个寂寞的晨昏里，以为洞悉了爱的本质，以为可以用文字构筑一个精神王国，却终究在时间的齿轮下，沦为记忆的废墟。

而对于爱，谁又不是盲人摸象？

小说里有人曾问："爱是惊天动地吗？"

"不，也可以沉默如谜。"

"爱是在一起吗？"

"也是为了你，更要好好珍重自己。"

如今年纪越长，人也变得越来越钝感。

有时在想，一颗心从细腻得爬满触须，到坚钝得犹如顽石，是不是只有疼痛这一条路可以走？

有些记忆，你以为把它埋在土里，就可以就此腐烂、消亡、忘却，却不知道，它曾是诱惑你的美味果实，即便果肉干枯、变味、脱落，也会保留完整的内核——成为一枚具有生命力的种子，在不经意的暗夜里，长出饱满天真的新芽。

于是每个成年人行走世间，都要自带一副铠甲。

铭记与忘记同样艰难，而我们害怕交付，也害怕受伤。

那么不如各自珍重，各自勇敢，在这如战场一般的人生里，尽量不输得让自己难堪。

生活有多美好
取决于你有多热爱

只有让自己变得更好，
才有更多的可能去做自己喜欢的事，
去保护自己所爱的人。

▶▷ 心守一事便是禅

年纪越长，人情世事皆应做减法，好在岁月和
爱好，都会为你披沙拣金。

早春赴京都办事，投宿麸屋町小巷中的"炭屋"。

一进门，就闻到空气里的松木香味。旅馆里的门窗和地
板都是天然松木，因为上了年代，甘冽野性的松脂味道被时
间过滤，驯服，只留下山林的清气扑面而来。走在湿润的石
阶上，让人觉得宁静。

眉眼和善的服务员建议我先泡个松木浴，可以洗去一身
的尘烟与疲乏。

一汤温水，松香袅袅，庭院外流水潺潺，绿苔幽深，木
料的纹路在指肚的触摸下清晰可见，日光也被幽静的环境无
限拉长，闭目乍醒时，竟不知今夕何夕。

沐浴更衣后，已到就餐时间，正好可以品尝一下地道的

怀石料理，以茶道为基础，既安抚了口腹，又暗合了心意。

来京都之前，曾听信讹传，以为"怀石"指的是佛教僧人坐禅时在怀里放一块暖石以对抗饥饿，而在茶席上，才知道是来自我们中国的《道德经》。

"知我者希，则我者贵，是以圣人被褐怀玉。"

河上公注："被褐者，薄外；怀玉者，厚内。"

换言之，平凡其外，金玉其内，真正圣明的人，不会在意外表的粗糙，他们更注重品质和内心。

怀石料理的食材由清淡的山野菜和海鲜贝类组成，在味觉上最大程度保持了食物的原味和鲜活，并以此来衬托茶道的"和""敬""清""寂"。

沉浸于侘寂，那也是人心与自然和谐而生的情愫。

侘寂，即简约，素朴，清雅，笃定，宁和。

也正是这种侘寂之美，才让生活，不至于沦为生存。

日本"茶圣"千利休就曾表示，持一釜即能做茶汤，爱好万般道具为拙劣也。他在草庵式的茶屋里写下诗句，表明自己的侘寂之心：

一眼望去

没有花朵

没有着色的叶子

海滩上

坐落着

一橡孤寂的茅屋

在秋夜朦胧的

微光下

只是那刻茶室里没有秋夜朦胧的微光，只有从窗外隐约透进来的淡泊春阳，时光流转，尽在一明一灭一尺间。

茶道的过程，有些繁复漫长，但只要心中无事，就能成为清赏，仪式之美，器物之美，情境之美，都是享受。

煮水烫杯，帛巾拭器，取茶调膏，然后不断用竹筅击拂茶汤，直到打出一盏丰盈的沫饽。点茶的女子，手腕柔中带劲，也带着上善若水的禅意，以及唐宋茶式的遗风。

一饮一啄是禅。

一蔬一饭是禅。

一期一会是禅。

心守一事，也是禅。

女子奉上茶来，雪沫浮动，正是"焕如积雪，烨若春敷"，细细啜饮，只觉一盏春深，碧云萦怀。

陆羽的《茶经》里把茶汤上的沫饽称为精华，说是像一层细碎的枣花飘落在小池上，又像初生的青萍浮在深潭中，还像菊花的花瓣落在杯盏里。

陆羽的好朋友皎然更有诗句，"霜天半夜芳草折，烂漫缃花啜又生"，将品饮抹茶的情境描绘得灵动至极。

其实在我国，也能喝到原汁原味的日式点茶，但总感觉少了点身临其境的氛围和仪式感。

所以，每年才有那么多的人，会不远万里来到此处，只为感受一瓣樱花落在杯盏中的刹那。

"碧玉妆成一树高，万条垂下绿丝绦。不知细叶谁裁出，二月春风似剪刀。"

——儿时摇头晃脑背诵的诗句，此刻正好可以用来题名。

"裁春"，实在是想不出比这更能代表春茶的词了，两个字只是在唇齿气息间流动，就似有朴素的茗香。

二月仲春，楚地是蒙蒙的细雨，窗外的花枝还在藏羞，而南方的草木早已葳蕤苍翠，日光清和，微风和煦。

念及前些时日路过江南的垂柳与春风，那包从小镇集市带回的春茶，恰好可以饮用。

云水小镇，垂柳延绵的老街，青色的石板路一直延伸到河边，沿岸的白色玉兰花正一瓣一瓣地飘落。

雨后初霁，走在桥上，极目处，烟村落落，茶林隐隐，耕田延绵，阡陌纵横，山色如同晕染的纱幔，悠悠然向天际荡开。

卖茶的妇人坐在集市的角落里，面上带着斜风细雨的沧桑。她的身前，摆着一担新茶，用竹编的米箩盛放着，里面的茶叶品相看起来很不错。

不时有人来问，疑心不是手工茶，又觉得价高，她连忙摇头，"农家的手工茶，连夜炒的哩，我忙到凌晨，不少价的……"随手捧起，一股清新的香气发散在空气中。

有识货的农人前来光顾，喜滋滋购上一大包，家里有婚宴，新媳妇敬新茶，喜庆。

我倒是相信她的——仅是看她的那双手，就知道长期揉捻过茶叶。

肌肤纹理间，都沾染了茶青色，就像曾有人打趣一位制茶师傅，说他洗手都能洗出一盆茶水来。

于是当即买下一包，用牛皮纸扎好，收入行囊中。

只是后来行程劳顿，一直未来得及冲泡，那包新茶，就那样跟在我的行李箱里，一路舟车辗转，又抵达潇湘。

正值春分。

春分，二月中。分者，半也。此当九十日之半，故谓之分。秋同义。夏冬不言分者，盖天地间二气而已。方氏曰：阳生于子，终于午，至卯而中分。
故春为阳中，而仲月之节为春分。正阴阳适中，故
昼夜无长短云。

初候，元鸟至。元鸟，燕也。高诱曰：春分而来，
秋分而去也。

二候，雷乃发声。阴阳相薄为雷，至此四阳渐盛，
犹有阴焉，则相薄，乃发声矣。乃者《韵会》曰：
象气出之难也。《注疏》曰：发，犹出也。

三候，始电。电，阳光也，四阳盛长，值气泄时，
而光生焉。故《历解》曰：凡声阳也，光亦阳也。

——《月令七十二候集解》

大自然这本书，永远都读不够。

那日买茶时，曾与当地的友人闲谈，柴米油盐酱醋茶，
开门七件事，茶是他们的日常所需，也跟生养传承有关。

他们相信山有土地，茶有茶神，节气月令流转不尽，一
个人只要好好活着，顺天意，接地气，一日三餐，粗茶淡饭，
就是对自然、对神明最好的尊崇和供奉。

而久居钢铁丛林之中的都市人，有多少人手持一杯茶，
不为解渴润喉，只是用来涤尘洗心？

蒙昧如我，在一杯并不名贵的春茶面前，心也会变得
干净。

茶香袅袅，春阳，雷声，雨露，云影，月光，燕鸟的鸣音，一切春天的气息都浮动在鼻翼上。

好像全部的感官都被这香气打通了。

隔着透明的玻璃杯，片片嫩芽直立舒展，宛若新生。茶叶上原有的白色毫毛也被水驯服，化作一汪温润的绿意。

入喉，汤感果然细腻丝滑，连乡野的体温和感动，也落入了肚肠，顿觉神清气爽，心绪安然。

一杯饮罢，有熟人来电，邀我去参加一个聚会，寒暄几句后，顺口推掉了。

这些年，耽于茶事，身边的朋友来来去去，最后留在身边的，也不过知己二三。年纪越长，人情世事皆应做减法，好在岁月和爱好，都会为你披沙拣金。

譬如此时，江南一杯茶，足以慰风尘。

好吧，不如起身，再续一回"裁春"去。

生活有多美好，◁◂
取决于你有多热爱

　　内心有了固守和坚持，就会像葱郁蓬勃的植物，
一直向阳而生，有力量，有灵性。

　　经常有朋友问我，这些年你这样拼命，累不累，值不值？

　　不累是假的。但是累，也自有它的意义。我努力让自己
变得更美好，不是为了讨好这个世界，而是为了取悦自己。

　　"如果不是因为家庭和孩子，我应该可以过得更好"，
"正是因为家庭和孩子，我才应该变得更好"，在这两者之间，
我将毫不犹豫地选择后者。

　　只有让自己变得更好，才有更多的可能去做自己喜欢的
事，去保护自己所爱的人。那么，怎样辛苦都值得。

　　这些年，我不断充电，不断书写，三十余年的心路历程，
放在文字里，一切都有迹可循。其实很多文章都没有什么大
道理，只是把一些亲身经历，以及所见所闻所思所想，一一

说给读者听。如此刻，暖阳倾泻，就着迟桂花的香息，我们可以比肩而坐，一碗粗茶，二两闲话，起身之后，可以互带暖意离开。

我相信一句话，"生活有多美好，取决于你对它有多热爱"，我应该算不上一个百分之百的乐观主义者，但我依然希望，可以朴素又温情地活着，用自己的方式去热爱生活。比如每天带着小女儿去买菜，会和她一路唱着童谣捡拾落叶，会和她一起分享半包零食，冬日的阳光照在我们身上，温度和力度刚刚好，幸福也刚刚好。

在我的朋友中，有骁勇的姑娘远走他乡，独自穿越密林，也有静美的女子，守着一方田园，整日和草木鱼虫谈天。平凡如我，每天围着灶台和小儿，在方寸之中打转，一颗心若不够沉静坚韧，又怎能真正地与生活温暖相拥？现实的艰难显而易见，但生活的美好也触手可及，总而言之，这个世界，绝对值得你为它展露温柔。

当然，人生有无数种可能，环游世界是一种生活，柴米油盐也是一种生活。不是哪一种生活比另一种生活更高贵，而是哪一种生活，更能让你得到心灵的满足和快乐。

记得初中毕业后，我在镇上的一家工厂做事。当时被安排在包装车间，里面的员工大多都是附近的农村妇女。工钱按件计算，半成品又有限，经常发生争抢。在那里，我是年纪最小的一个，每天坐在角落里，只能包装出极少的成品。

也是在那里，我看着有人打架生生把一个人的头发扯下来；看着有人为了偷厂里的一卷胶带，龇牙咧嘴地将其塞进裤腰里；也看着有人一边吃饭，一边挠头，大片的头皮屑掉进碗中……

现在想一想，是什么让我独自撑过那段清苦寂寞的岁月呢？应该是信念吧。因为我相信，在这个世界上，除了厚实的衣物，温暖的居所，可抵御岁月苦寒的，还有心底的信念和爱。

十几年前，我到邮局订阅某一期刊，希望有一天可以在上面看到自己的文章，哪怕是很小很小的一篇。大约十年前，我在书店里寻找一本书，手指触摸在一列列的书脊上，突然强烈地希望，某一天可以在书店里，遇见自己的书。现在，我希望，可以这样一直写下去，一直到老。我也希望有一天，可以坐在阳光普照的书房里，与孩子们安静地度过一个又一个的午后，还希望有一天，可以在乡下写字、酿酒、种菜、看花，与三两老友将时光慢慢蹉跎。

很喜欢梭罗的那句话："万物尊重虔诚的心灵。只要你对某事如痴如醉心向往之，便没有什么东西可以扰乱你的内心。"我深深相信。文学如此，生活也一样。内心有了固守和坚持，就会像葱郁蓬勃的植物，一直向阳而生，有力量，有灵性。我也相信，我所希望的，所期待的，所梦想的，都会一一发生。

三十余年的岁月，不经意地，就走到了今天。我很庆幸，今天的自己，没有被从前的苦难和破灭所打倒，而是在经历过那些后，才真正懂得了生命的意义，可以用一颗温暖而从容的心，引领脚步，走得更远。

"永远相信，美好的事情即将发生。"

这句话曾写在我的手机壁纸上，陪伴我度过漫长的写作时光。我在工作和生活的缝隙里敲下一些文字，很多时候，都是爱和斗志并存。我也希望，能把这种激励和能量，传递给更多的人。

唯愿美好与你，一直在身边。

没有人 ◁◂
能够逃脱孤独

> 一个人逛街，一个人吃饭，一个人旅行，一个人做很多事。一个人的日子固然寂寞，但更多时候是因寂寞而快乐。极致的幸福，存在于孤独的深海。在这样日复一日的生活里，我逐渐与自己达成和解。
>
> ——山本文绪

我人生中第一次感觉到孤独，大约在六七岁的时候。农忙季节的黄昏，我一个人坐在小耳屋里煮饭，眼睛巴巴地望着门外，盼望父母快些从田里回来，一分一秒，时间被无限拉长。

十来岁，一个人躺在平房的屋顶上看天，身下是烈日的余温，头顶是流动的银河，天地辽阔，山河静谧，会开始思索一些事情，生和死，远方和未来，然后从中得到顿悟，自身之于世界，一如星辰之于宇宙，是何其的微弱渺小……

十三四岁，爱上层楼的年纪，知晓了情爱的启蒙，就很快有了秘密，在心里模拟一个喜欢的人，辗转而思，思而不得，很多事情不再愿意跟家人提及，分享和分担都变得隔膜。那些微酸的心事，宁愿自己躲在角落里一小口一小口地舐舐，咀嚼，吞咽，消化……譬如看完一本言情小说后，会蹲在田畦上掉眼泪，一滴，又一滴，落在潮湿的泥土里，没有一点声音。田野间疯长的水稻，没过了我的身子，脚下的野花，寂寂地开着，没有谁会懂得一个少女的爱和孤独。

十八九岁，在异乡生活。

一个人吃饭，胃口奇好，对新鲜的食物有强烈的占有欲。

一个人谋生，多半时间都待在仓库里整理纸箱，最简单的体力劳动，险些退化成单细胞动物。

一个人行走，在古老的巷子里晃荡，坐漫长的公交车穿越城市，玻璃上映现出自己的脸，熟悉又陌生。

一个人去网吧，和遥远的人聊天，听了很多难辨真假的爱情故事，渗入记忆后，再回忆起会连自己也混淆。

一个人逛街，去批发市场买廉价的衣服，在心里暗暗抵触鲜艳的颜色。

一个人去街角租书看，"飞雪连天射白鹿，笑书神侠倚碧鸳"。金庸的每一本书我都读过，刀光剑影，爱恨情仇，整夜沉迷在虚构的文字世界里，一颗心匹马天涯，良辰孤往，恨不得仗剑而去。

二十岁那年，相亲，恋爱，经过几个月的异地恋后，匆匆结婚，接着，从一个异乡到另一个异乡。

也曾以为两个人的生活会比一个人更好过，毕竟牵手相爱的温情那么实在，要押上一个未卜的漫漫余生，也心甘情愿。

然而还是逃不掉俗世爱情故事的窠臼。

将近十年的磨合期，让我尝遍了生活中的酸甜苦辣咸，争吵，负气，离家，欲绝的伤心……

曾经一个人在深夜的街头痛哭，茫然四顾，不知这声色斑驳的世间，明日有何可恋之处。

跟朋友打电话，喋喋不休，语无伦次。

数月暴瘦十斤，失眠，异食癖，需要看心理医生。

站立在人群中，仿佛是被遗弃在孤岛上，孤独如影随形，深入骨髓。

一直到最近几年，才慢慢地做到与婚姻平静相处。

余生还有很长，我终于可以不再害怕。

这些年，我阅读，写作，在文字中远行，与自己的内心独立相处，生活便随之有了转圜的余地。

原来，自身才是一切症结的来源。

行走世间，与自己沟通，应该是一种必备的能力。

一个人与自己相处好了，与外界相处起来，关系总不会太差。

孤独并不可怕，更不可耻。

于是，面对孤独时，也不再逃避，不再拒绝了，而是与它坦诚相待，相依相伴。就像曾经恐惧过的很多事情，生老病死，消逝别离，空虚残缺，都可以满怀耐性地去理解和接纳。

《无量寿经》言："人在世间，爱欲之中，独生独死，独去独来。当行至趣，苦乐之地，身自当之，无有代者。"

所以我相信，黑夜孤寂，白昼如焚，孤独是与生俱来的情感，而非情绪，渗透于喜怒哀乐，无论是生如蚁，还是美如神，都没有谁能够逃脱。

很多时候，我甚至在想，是不是一个人生命的质量，也会取决于面对孤独的方式？

有人将孤独视为风，在无涯的时间里，且听风吟。

有人将孤独视为药，用以治愈自身，却只能内服，不可外敷。

有人将孤独视为火，为生命驱走黑暗，带来勇气和能量。

有人将孤独视为植物，在内心的土壤里扎下根须，也为灵魂投下绿荫。

有人将孤独视为猛兽，穷其一生，与之角逐厮杀，鳞伤遍体。

有人将孤独视为礼物，尽管有时忘了绑上蝴蝶结，但还是装着一个如假包换的精神世界。

…………

而孤独对我来说，更像是水。

童年时，孤独是大河，暗流涌动，让人惧怕。

青春时，孤独是无人问津的古井，荒烟蔓草，清凉幽深。

成年后，孤独是江湖，星月相照，无处可退。

这些年，孤独是心底的海洋，静默，内敛，宽宏，富足，纳记忆百川。

在这片海里，我甘愿做一只笨重的蚌，有着坚强的外壳，柔软的内质。感谢时光赐我钝痛和慈悲，怀抱中这枚生活的沙砾，普通至极，却有一天，可以成为独特的珠贝。

▶▷ "美妙时刻"

把干巴巴的人生变得鲜活有趣，就是一种超能力啊！

关于人生中的赏心乐事，传说苏东坡列举了十六件：

一、清溪浅水行舟；

二、微雨竹窗夜话；

三、暑至临溪濯足；

四、雨后登楼看山；

五、柳荫堤畔闲行；

六、花坞樽前微笑；

七、隔江山寺闻钟；

八、月下东邻吹箫；

九、晨兴半炷茗香；

十、午倦一方藤枕；

十一、开瓮勿逢陶谢；

十二、接客不着衣冠；

十三、乞得名花盛开；

十四、飞来家禽自语；

十五、客至汲泉烹茶；

十六、抚琴听者知音。

到了晚明，妙人金圣叹又列举了三十三则"不亦快哉"，后林语堂、三毛、梁实秋、李敖等人效仿，各自写下生活中的快事，可谓才情流溢，活色生香。

赏心悦目之余，亦被世人传为美谈。

而在这复杂又忙碌的世界里，有多少美妙的时刻，只因微小，就被遗落在生活的角落里呢？好在遇见的方式低碳环保又简单，想要拥有，留心即可。

所以当你翻开这一页时，我很期待与你在文字里相视一笑，如同接通心底的河流，泛起温柔又绵软的欣慰，那一刻，我们就是同类。

1. 收到手写信，美妙时刻！

2. 与陌生人拼桌，相谈甚欢，美妙时刻！

3. 一条新围巾，拯救了一件旧外套，美妙时刻！

4. 雨声潺潺，某人打着伞向你走来，美妙时刻！

5. 鼻子捕捉到了修剪草坪后的植物清香，美妙时刻！

6. 买到了合适的 Bra，美妙时刻！

7. 购物车里的商品莫名其妙地降价了，美妙时刻！

8. 爱人的白衬衫晾晒在阳台上，美妙时刻！

9. 和喵星人一起享受午后的阳光，美妙时刻！

10. 同事们谈论的城市，刚好有你的朋友，美妙时刻！

11. 清晨被鸟鸣吵醒，美妙时刻！

12. 躺在落满银杏叶的林子里，美妙时刻！

13. 准确地喊出一朵野花的名字，美妙时刻！

14. 喜欢的歌手来你的城市开演唱会，美妙时刻！

15. 用凤仙花染指甲，美妙时刻！

16. 在书上朝着心仪的句子狠狠画线，如与作者击掌，美妙时刻！

17. 闹钟响了，今天是周末，美妙时刻！

18. 烤出很多形状怪异的小饼干，像一个怪兽聚会，美妙时刻！

19. 买一堆蔬菜，花花绿绿地放在篮子里，美妙时刻！

20. 看电影，爆米花塞在嘴巴里，美妙时刻！

21. 下棋终于赢了一局，美妙时刻！

22. 邻居老太太唱戏，咿咿呀呀传过来，美妙时刻！

23. 夏夜蛙鸣鼓噪，光脚歇凉，美妙时刻！

24. 骑单车兜风，美妙时刻！

25. 在雪地上行走，新鞋子，嘎吱嘎吱，美妙时刻！

26. 给想念的人发信息，秒回，美妙时刻！

27. 与陌生人相视一笑，美妙时刻！

28. 电梯心有灵犀地为你打开了，美妙时刻！

29. 绝望地排着长队，隔壁窗口突然开了，美妙时刻！

30. 在浴室里大声唱歌，美妙时刻！

31. 一头扎进新床单的香气里，美妙时刻！

32. 长途列车上，旁边坐着一个有趣又健谈的家伙，美妙时刻！

33. 做手工收起最后一个针脚，美妙时刻！

34. 穿着人字拖晒月亮，美妙时刻！

35. 失而复得，美妙时刻！

36. 虚惊一场，美妙时刻！

37. 试一件眼馋已久的新衣服，美妙时刻！

38. 听朋友读诗，美妙时刻！

39. 谈论儿时的趣事，像小孩子交换玩具，美妙时刻！

40. 与老友相视大笑，美妙时刻！

41. 冬夜烫脚，美妙时刻！

42. 大雪纷飞日，涮火锅，美妙时刻！

43. 牵汪星人溜达，美妙时刻！

44. 在朋友面前打了个漂亮的响指，美妙时刻！

45. 煎了个完美的荷包蛋，美妙时刻！

46. 老板的表扬，拐了几道弯再传到耳朵里，美妙时刻！

47. 扫荡餐桌后打了个响亮的饱嗝，美妙时刻！

48. 加班时酣畅打盹，满血复活，美妙时刻！

49. 与闺蜜盘膝而坐，叽叽喳喳聊八卦，美妙时刻！

50. 走路出行，天气大好，美妙时刻！

51. 想打电话给朋友，朋友刚好打过来，美妙时刻！

52. 免费 Wi-Fi，美妙时刻！

53. 周末打扫房间后享受咖啡，美妙时刻！

54. 引颈待食，美妙时刻！

55. 戴上耳机，独吞一首曲子，美妙时刻！

56. 他乡遇故音，亲切得土掉渣，美妙时刻！

57. 抢到最后一张回家的车票，美妙时刻！

58. 向妈妈撒娇，美妙时刻！

59. 跟爸爸打牌，美妙时刻！

60. 与小婴儿同眠，美妙时刻！

61. 被小狗吮吸手指头，美妙时刻！

62. 桂花开了，美妙时刻！

63. 提前放假，美妙时刻！

64. 坐着楼梯栏杆一直滑下去，美妙时刻！

65. 夜色这么美，是不是偷来的？美妙时刻！

66. 晚班后坐公交，整个公交车都被你承包了，美妙时刻！

67. 听电台故事，啊，小心耳朵会怀孕，美妙时刻！

68. 追剧时，把"养肥"的集数一口气看完，美妙时刻！

69. 和好朋友一起撸串吹牛，美妙时刻！

70. 忽有斯人可想，美妙时刻！

71. 拧开饮料瓶盖，"再来一瓶"，美妙时刻！

72. 收到很美妙的赠品，美妙时刻！

73. 酿了一坛果子酒，开封之日，美妙时刻！

74. 冬夜，被窝里讲悄悄话，美妙时刻！

75. 被小婴儿亲吻，美妙时刻！

76. 工作完成过半，美妙时刻！

77. 老街上，烤面包的香气飘过来，美妙时刻！

78. 奶茶店，有人和你拼第二份半价，美妙时刻！

79. 有人还钱，美妙时刻！

80. 不用洗碗，美妙时刻！

81. 在孩子面前表演一个蹩脚的魔术，没有穿帮，美妙时刻！

82. 朗月当空，去天台弹吉他，美妙时刻！

83. 干了一件将肠子悔青的事，然后发现是一个梦，美妙时刻！

84. 提前来水，美妙时刻！

85. 穿新裙子招摇过市，美妙时刻！

86. 抢到红包，美妙时刻！

87. 喜欢的公众号更新了，美妙时刻！

88. 上班时差一秒钟迟到，美妙时刻！

89. 伸个懒腰，下班了，美妙时刻！

90. 买到心仪的口红色号，美妙时刻！

91. 夏日，于阴凉处饮好茶，两腋生风，美妙时刻！

92. 吃酸奶舔盖，美妙时刻！

93. 和小孩子们做游戏，美妙时刻！

94. 拍了一张美美的照片，美妙时刻！

95. 在山中看云，一朵，两朵，三朵……美妙时刻！

96. 吃热气腾腾的酸辣粉，美妙时刻！

97. 在豆瓣吐槽难看的电影，美妙时刻！

98. "您的快递正在派送中"，美妙时刻！

99. 穿风衣的时候正逢大风，帅极了，美妙时刻！

一座城市 ◁◂
内心深处的温柔

在这个灯红酒绿、车马喧嚣的俗世中，一条小巷，就是一个异乡人心灵的退避之所，也是一座城市内心深处的温柔。

我喜欢一个人穿行在巷子里。

如遇有清风，风在枝头走过，踩动小小的香樟叶，窸窸窣窣的，似笔尖在纸上写信。

风再大一些，翻动了泡桐树叶，软扑扑的声响，仿佛水乡里的哗哗桨音，过了古老的桥洞，遥遥地鼓动耳膜。

这时，光阴是清凉的，安逸的，馨香的，似水中的薄荷叶，气息盈盈然地浮动在视线里。

若有阳光，树荫异常浓稠时，深深浅浅的绿意会簇拥着小巷，整条小巷就那样绿起来了。

空气是绿的，树影人声是绿的，时光也是绿的。巷口有小婴儿的衣物在尼龙绳上静静地摇晃着，像一阵散发着乳香的微微鼾声……那鼾声，也是绿的。

于是情不自禁地会想：啊，这小巷，是不是就要被这些绿意拐走了？

到了黄昏，绿意稠成了暮霭，隔开天光在巷口聚拢，悬浮在头顶。巷内有人家，灯火会一盏一盏亮起来，轻轻地把影子拉瘦。带着自己的影子一路前行，要是碰巧有月亮跟上来，影影绰绰的灯火下，巷子犹如一截长长的丝绸水袖，在夜色中流淌。

林语堂先生说："孤独两个字拆开，有孩童，有瓜果，有小犬，有蚊蝇，足以撑起一个盛夏傍晚的巷子口，人情味十足。"

夏日的黄昏，从这样的巷子走过，仿佛自己是笑看红尘的人间过客，脚下的时光温软绵长，好似步子一重，就可以踏进另外一个世界去。

有的巷子，仅仅是过道，像一位诗人写的那样：小巷，又弯又长，没有门，没有窗，你拿把旧钥匙，敲着厚厚的墙……

这样的小巷——诗意，孤独，静默，也充满向往。墙是红砖砌成的，刷了白色的石灰，却也已经斑驳掉了，爬山虎长得一季比一季旺盛，那斑驳愈发醒目。爬山虎长势正好时，会完全覆盖住两面的墙，如两道站立的绿色小河，一副山河翠碧云莽莽的架势。站在巷子里，我的手里没有旧钥匙，我用的是指肚，轻轻地触摸着巷内的时光，那时光里噌噌燃起来的是青春的烈焰，一下就惊飞了心里藏着的无数只安静的鸽子，扑啦啦地响彻一小片蓝天。

冬天的时候，叶子都掉光了，墙面上仅存着枯藤，像大雪覆盖后的各路阡陌，在村野间纵横。那样的时刻，心间会生出十万荒凉，就想与一个人，一夕忽老。

那么，来吧，让我们在巷子里走着，一边走着，一边老去……

老巷子更让人心动。

那里的每一寸空气里，每一块砖瓦里，都蛰居着令人沉醉的旧光阴。

一条老巷内有酒香。深巷中不打眼的铺子，摆放着大缸大缸的米酒，氤氲着醺然微醉的酒香。地板有些潮了，春季的时候会长出小小的蕨类，探头探脑，生机勃勃。酒缸用红绸子封了盖，像待嫁的新娘子，喜庆而隐秘。后院正在煎着酒，酒水顺着竹节吧嗒吧嗒滴落到坛子里，烟从瓦隙中扭着身子攀爬到天上去。这烟，应是最先醉掉的那一个吧？

再看那被岁岁年年的檐雨磨损的石阶，有年轻的小媳妇纳着鞋垫，她脚边的一盆葱，正长出耀眼的青旺旺的颜色。葱叶尖上滴落着温热的洗脸水，盆里幽幽地冒着热气……那热气里，满是生活的香息与暖意，弥漫在一个又一个的岁时里。

　　我爱看一个经常在门口打盹的老妪，她真的是很老很老
了，老成了巷子的一部分，那么契合。

　　她像一只豁口的粗瓷碗，被搁置在角落里，眼神里盛着
一碗陈年的时光，安详地等待融入泥土。

　　她的神情告诉我，时光是最好的说书人，而老去也并不
是可怕的，那只是一种归依。

　　我现在寄居的地方多小巷，巷内有好时光，绵藏着无尽
的幽谧与风情。

　　在这个灯红酒绿、车马喧嚣的俗世中，一条小巷，就是
一个异乡人心灵的退避之所，也是一座城市内心深处的温柔。

岁月的留白 ◁◀

纷繁错杂的生活中，何尝不需要留白？

闲时翻书，遇见南宋马远的《寒江独钓图》，整个画面寥寥数笔，茫茫天地间，一孤舟，一钓叟，几点水纹，除此之外，满卷皆虚空。

整幅画落在眼里，全是清寒之意。

却是这样能入怀的好。

想来那作画的人，将笔墨收住了，又将境界铺开了。这观画的人，一点点地，循着深深浅浅的墨痕，循着升腾的幽寂之气，心中的山水，也一点点地，跑出来了。那跑出来的全是自己的山川，巍峨俊秀，空山俱静；自己的流水，烟波浩渺，水月俱沉。

这是留白。

悠然一境，不许尘侵，无胜于有，方寸天地宽，真是合我的意。

像读一首诗。文字之外是意境的张力，心中起伏鼓荡，偏又说不到那一个恰到好处，甚微甚妙，只余叹息，于此深味。

听一首曲子，听到那一层微微的巫凉之气，萦绕在眉睫上，我听不懂……但也无须懂。

像我在黄昏里的山村洗头，一盆热水，一寸一寸地搓着头发，心是惆怅的，也是明净的。可是我知道，心绪中有留白，它也是一寸一寸的，正匍匐在我湿湿的头发里，萦绕在微微的雾气中。

像在夜间，与一个人静静相对，坐到更深，一起去看雪，雪花一片片地落，落在树枝上，发出微微压枝的声音……落在暖暖的脖颈里，一点点地，在皮肤上化掉。雪地里的残月升起来，就在月下沉默地点烟。视线之内，除了白，还是白。烟头在清虚冷寂的空气中一明一灭。两颗心，怦怦跳着，却静到了极处。

忆起十几岁的时候，心里藏着一个喜欢的人。学他的样子抽烟，临摹他的字迹，去闻他用过的书本，却始终拒绝和他说一句话。不能说出，也说不出。

现在，依然喜欢美好单薄的少年。喜欢看他们无辜的眼神里散发出来的荷尔蒙因子，带着月光雪地里的青草气息，微微的迷人，微微的忧伤。

这样的喜欢，是用来藏的，只属于自己。原来，一直在体内，带着青春的清凉和寂寞，如时间的留白。

　　纷繁错杂的生活中，何尝不需要留白？

　　日日相对的两个人，观望着日益堆积起来的疲惫，呼吸着相互纠缠过的空气，便有了渐次而来的窒息之感……这是一件多么可怕的事情。

　　那么，为何不多留出些空间，给对方，也给自己？

　　有些话，不说，比说了好。

　　有些事，不做，比做了好。

　　太浓腻了，也就禁锢了，也就乏了。如画，笔墨过于多了，整张纸就废了。亦如月，过于满了，又该缺了。

　　盈盈然即可。给彼此一个新的天地，给心憩息。

　　日暮苍山，繁花落空。这样的季节，大地收紧了香息，像一只大鸟收紧了翅膀。

　　连雪也停止了。有无声的风，托住了夜空。喧嚣与人语，绕行至了云深之处，蓦地绝尘而去。

　　天地间，没有虫鸣，没有灯火，没有观月赏雪的人。可视之处的光阴里，悬浮下沉的，尽是幽秘，尽是古旧，宛若虚空。

　　而远方，一枚种子正在泥土之中酣酣沉睡，微弱的鼻息，比盛夏的花香更动人。

　　几点星光，眨着眼，似在聆听。

　　除了寂静，还是寂静。

　　这是岁月的留白，已经铺开了。

▶▷ 围裙
与
霓裳

内心的烈焰和湖水，流淌于静止的篇章之间，
指尖旋转和跳跃，足以演绎百味人生。

前几日，我更新了微信签名：围裙与霓裳。

有朋友问，什么意思？

我说，代表了我生活的两种状态，一面是煮妇，系上围裙，在灶台间打转；一面是作者，穿上文字的羽衣，在电脑上织梦。

记得张晓风的文章里曾写过，世界上的母亲，都是仙女变的，就像曾经居住在迢迢云汉的织女，终日临水照花，惊叹自己美丽的羽衣和光洁的肌肤。然而有一天，她把羽衣藏起来了，从此换上人间的粗布，因为她决定做一个母亲。从此，她再也不能飞翔，只是在没有人的时候，悄悄地打开箱子，用忧伤的目光抚摸着昔日的羽衣，然后又锁上了箱子。

我的身边，基本上没有人知道我的职业。

很多时候，我都觉得自己活在一个与现实生活平行的空间里，一个名字就是一种身份，很多时候，连自己也陌生。

系上围裙在厨房里忙碌的时候，时常会想起那句歌词："是谁来自山川湖海，却囿于昼夜、厨房与爱。"

山川湖海是自由，昼夜厨房也是爱。

如某个周末，孩子们在客厅里尽情嬉闹，我往锅里一样一样地放入食材，为她们准备靓汤。

风摇晃着厨房外的香樟树，果子滴滴答答落在地上。

一只大胆的鸟停驻于窗台，时而歪着脑袋欣赏那盆绿意盈盈的蒜苗。我与它对视，心里会生出一种平静的喜悦。

而在此刻，孩子们去上学，家人在午休，我坐在窗边，手指在键盘上轻轻叩击，发出温柔的声响。

一个文档，就是一个用文字构筑的世界。

荧光屏，犹如聚光灯。

内心的烈焰和湖水，流淌于静止的篇章之间，指尖旋转和跳跃，足以演绎百味人生。

打开收藏的歌单，又像进入另一个空间，我是我，我非我，分明心已苍苍，又似与这世界初相识。

或者说，这便是我换上羽衣的时刻。

Love In December 这首歌，我听了很多遍。听到喜欢的歌，读到喜欢的书，如同遇见喜欢的人，本能地想偷偷私

藏，又恨不得告诉全世界。

爱在十二月，我所在的城市，正是凉风如信。

春天压在箱底的白衬衫，刚好可以拿来匹配这样的季节。

清新的肥皂香气留在领子上，闻起来有一种明亮的欢愉。

楼下的桂花还未凋谢，如昨夜梦中细碎旧事的气息，静谧而缥缈。

再听温暖又感性的女声，耳语喃喃，感觉随风而逝的爱与承诺，都如此绵长寂静。

仿佛身体里所有的柔情与爱意都会滴滴答答地汇集起来，如小溪流入江河，江河注入湖泊，最后在内心深处化作一片甜蜜的汪洋，深沉，寂静，无边无际。

你好啊，围裙与霓裳。

你好啊，时光。

往后余生
美好前行

愿所有美好，与你温柔相拥——
拥抱所爱之人，之物，
之余生。

▶▷ 遇到一个灵魂伴侣
有多难

茫茫人海，每一对"灵魂伴侣"，都是收到命运珍贵礼物的人。

曾与友人谈及《诗经》中最向往的情境，她说，不是"既见君子，云胡不喜"，也不是"桃之夭夭，灼灼其华"，而是"琴瑟在御，莫不静好"。

那一年，她刚在省城置了宅子，事业有成，年华正好。

唯有婚恋之路颇为不顺。

问及缘由，她低眉一叹："很遗憾，他们都不是最合适我的那一个。"

合适是什么呢？是相处不累，有你更好，也是彼此有着对等的、相通的、刚刚好的性情与灵魂。

而当生活伴侣与灵魂伴侣集于一人之身，便足以成为世人渴慕的爱情模本。

美国心理治疗师托马斯·摩尔曾如此阐述：灵魂伴侣，就是让我们感到自身与之深深联系在一起的人，好像彼此的沟通和交流不是出于凡人的刻意努力，而是凭借神恩的导引。这种关系对于灵魂来说是如此重要，可以说没有什么在生活中比它更为珍贵的了。

如沈复与芸娘，志趣相投又心意相通，只是布衣粗饭的平常小日子，也可以过得活色生香，美且灵韵。

在日常生活中，芸娘勤勉温婉，慧心熠熠，可以拔钗换酒，也可以自制花茶，不动声色间，就能把家中打理得雅洁别致。

在精神层面上，沈复是才子，芸娘更有林下之风，襟抱见识丝毫不输男儿。沧浪亭中，他们一起谈论诗词文赋，互诉衷肠，互为知己。

沈复要去庙会看花展，"花光好影，宝鼎香浮，若龙宫夜宴"，他自然不愿独享——他懂得她想要什么样的快乐，便"撺掇"因女子身份不能前去的芸娘女扮男装，与他阔步同游——良辰，美景，再加上佳侣，方能称得上"人生乐事，尽在身边"。

当沈复的父亲迁怒芸娘，沈复便携芸娘搬出家门，以书画绣绩为生，又是另一种风雅。

　　他们之间的感情，沈复自述为"年愈久而情愈密"，有一个小细节，就是夫妻俩不管在哪里遇见了，都会拉着手温情地小声问："你去哪里？"

　　"愿生生世世为夫妇"，二十三年犹如此，真是让人羡煞。

　　又如钱锺书与杨绛，他们的爱情与婚姻，一路从容静定又温暖天真，因为他们有着两颗质地同样优秀的灵魂。

　　"我见到她之前，从未想到要结婚；我娶了她几十年，从未后悔娶她，也未想过要娶别的女人。"

　　在钱锺书心里，杨绛是他"最贤的妻"，作为生活伴侣，她把他照料得无微不至，为保《围城》出世，甘为"灶下婢"，在最艰难的时刻，与之风雨同舟；同时，她也是他"最才的女"，在文学之路与生命之路上，同样的理想与追求，让他们成为心心相印、灵魂相依的知己爱人。

　　而徐志摩就远没有这般幸运。

　　当年，他为了与旧式婚姻决裂，不惜"冒天下之大不韪"放言：我将在茫茫人海中寻找我唯一之灵魂之伴侣，得之，我幸，不得，我命。

　　他倾其所有追求新式的自由与爱，命运却让他的情爱与生活一样多舛多难。

于是便有人问，想要找一个"灵魂伴侣"，难吗？

看过一个爱情小短片：

一间光线幽微的房间，空气中弥漫着眼泪与荷尔蒙的味道，坐在床上的女孩子带着哭腔问她的男友："你相信有灵魂伴侣吗？"

男生表情沉重，回答道："不知道。"

面对女友失望的表情，他又如此向她假设——

我们生活的这座城市，有八十万人，假如我们没有在一起，你试图着去寻找你的灵魂伴侣，那么，男士将只占一半，也就是四十万。

在这四十万人中，你如果要找人恋爱，想必会找年龄相当的人吧，所以，这个数据就是四十万的三分之一，十三万人。

而这十三万人中，单身的又只占一半。现在剩下的六万五千人当中，以你挑剔的目光，你觉得有魅力的人，又有多少？

她想了想："顶多二十分之一。"

他继续问："好了，数据是三千二百五十人。那这些人中，又有多少人会让你觉得很无趣呢？"

她破涕而笑："很多吧……有趣的人，顶多二十分之一。而且，要对方觉得我也很有趣才行。"

他微笑着凝视她的眼睛："我想，所有人都会觉得你很有趣。"

她若有所思，羞赧着问："那这些人中，又有多少人会为我去买卫生棉呢？"

他告诉她："可能是……十分之一，十六个。"

"那还要考虑来不来电的问题。"

"是的。"他说，"还有，是否有同样的兴趣爱好，做同样喜欢的事情，喜欢同样的音乐和电影……所以，运气好的话，这个概率大概是三十分之一，你们的灵魂，会摩擦出爱情的火花。"

"那会是多少？"

"零点五三。"

的确，我们这一生会遇到很多的人，会遇到很多的感情，但能够遇到一个真正的"灵魂伴侣"，却很难很难。

不是没有，也不是不信。

而是因为太少了，少得不足一个，接近于无。

所以，如果有人晒恩爱："感谢上天，让我遇到了他"，"一切都是最好的安排"……那真的不是矫情。

如果情缘可以量化，可以证明，那么命运就是可以改变"零点五三"的未知变量。

如诗人说："灵魂选择自己的伴侣，然后，把门紧闭，她神圣的决定，再不容干预。"

茫茫人海，每一对"灵魂伴侣"，都是收到命运珍贵礼物的人。

而身为一个普通人，如你如我如他，毕竟能被上天眷顾的，就只有这么多。

这不知道算不算一种集体遗憾。

▶▷ 所有的绚烂，
　　都将归于平凡

　　　　平凡的方式有无数种，但所有的道路，都是通
往内心的安然。

　　午夜时，听朴树的《平凡之路》。阔别多年的嗓音在耳边沉吟，旋律游离，歌词一句一句敲打心壁。像在无边的深海里沉潜，浮出水面的时候，冷寂的星光悬浮在穹顶，然后，有那么一刻，突然就热泪满面。

　　真好啊，这么多年的时光，内心千山万水一一走过，他依然是那个值得深爱的朴树。

　　还记得年纪很轻时，听他的《生如夏花》，心里的感动和向往在身体内凭空沸腾的样子——原来，每个人的内心都生长出一片原野，天地苍莽，寥廓无际……只是从前没有发觉。

　　那个时候，他在《生如夏花》的专辑封面上写下，"在

蓝天下，献给你，我最好的年华"。

最好的年华是什么？

我能忆起的最好的年华，是十六岁在汹涌浑浊的湘江边，风吹起宽大的衬衫，眼神孤绝地说："我要去远方，比远方更远的远方。"

最好的年华，是在异乡的地摊上淘十几块钱一件的 T 恤，穿了站在风中，身边车水马龙，霓虹闪烁，也觉得自己倾国倾城。

最好的年华，是在初夏的花树下，遇见自弹自唱的他，从此青青子衿，沉吟至今。

最好的年华，是在夜深时收拾箱子，想去一个地方，找一个人，说走就走，不管不顾，像一朵自由行走的花。

最好的年华，惊鸿一般短暂，夏花一样绚烂。

"这是一个多美丽又遗憾的世界，我们就这样抱着笑着还流着泪。"

"我从远方赶来赴你一面之约，痴迷流连人间，我为她而狂野。"

"我是这耀眼的瞬间，是划过天边的刹那火焰。我为你来看我不顾一切，我将熄灭永不能再回来。"

那个时候的朴树，唱歌时细长的手指插在牛仔裤兜里，长长的刘海遮住眼睛。嘴唇薄而忧郁，干净悠远的声线，苍白羞涩的脸。

见过他明媚飞扬的样子，在《那时花开》里饰演大学生张扬，可以用十七种语言说"我爱你"。电影里他喜欢的女生，是周迅饰演的欢子，一双美丽的大眼睛，小兽一般灵动，让人念念不忘。

那个时候，我和很多人一样，以为朴树和周迅会永远在一起，才子佳人，一切都那么登对。以为电影落幕之后，他们还可以在戏外继续生活，继续相守，继续青春的无尽哀荣。

然而，那种在黄色单车上绚烂耀眼的青春，早就回不来了。

所谓往事，不过是一场那时花开。

电影片尾曲《那些花儿》里唱——

"我曾以为我会永远守在她身旁，今天我们已经离去在人海茫茫。"

"有些故事还没讲完那就算了吧，那些心情在岁月中已经难辨真假。如今这里荒草丛生没有了鲜花，好在曾经拥有你们的春秋和冬夏。"

"她们都老了吧，她们在哪里呀……我们就这样各自奔天涯。"

人海茫茫，各安天涯。

或许，对于曾经的青春和爱情，这就是最好的结局。

《那时花开》里有一句台词诠释得恰到好处："后来，我们分道扬镳，发誓不再提起往事。欢子就像从我们手指间流走的那种叫作岁月的东西一样，偶尔还会涌上心头。"

明日隔山岳，世事两茫茫。

除此之外，再无其他。

后来的朴树，剪短了头发，蓄起了小胡子，多了几分成熟，也有了几分沧桑。《平凡之路》的海报上，年过四十的他穿着白衬衫遗世独立，线条清隽磊落，身后是繁芜的枯枝，依稀透出迷离的白光。

他在歌里唱着——

"我曾经跨过山和大海，也穿过人山人海。我曾经拥有着的一切，转眼都飘散如烟。"

"我曾经毁了我的一切，只想永远地离开。我曾经堕入无边黑暗，想挣扎无法自拔。"

"我曾经像你像他像那野草野花，绝望着也渴望着也哭也笑平凡着。"

"我曾经失落失望失掉所有方向，直到看见平凡才是唯一的答案。"

歌声如诉，讲述历历心程。

曾经拥有一切，如今满目天涯。

而平凡，是唯一的答案。

一个人拥有过所有的绚烂，体验过生命的如花怒放，然后走过痴迷和狂野、绝望和茫然，又回归到日常的朴素和沉静中。

这是一种平凡。

电影《男人四十》里，张学友和梅艳芳在播放着《滚滚长江东逝水》的录像带中，大声背诵苏轼的《前赤壁赋》，直到厨房里的菜被烧干。

这是一种平凡。

有一位叔叔，在商场半生沉浮，他说，如今最大的愿望，是希望可以回到家乡，种点瓜果蔬菜，与儿时邻里喝茶下棋，闲话家常。

这是一种平凡。

有一位朋友，组过乐队，写过诗歌，搞过艺术，做过各种生意，受过很多的苦，也发过很大的财。就在去年，他带着心爱的女人，在江南的小镇上，开了一家甜点铺子，清幽度日以终老。"我喜欢看客人们甜蜜的表情。"他说。

这是一种平凡。

某一个清晨，暴风雨过后，紫薇花瓣落了一地，我穿了月白的衫子去买菜，在花树下经过时，会徒生出少年之心；

在夜深人静的时候，会对着一首歌，单曲循环到入梦，会对着一句歌词，心念触动到泪下；

又如此刻，我弓起后背的时候，腰间会凸现两块小小的赘肉——它们是何时到来的呢？就像第一道皱纹，第一根白发，第一份老去的情怀……悄然，又醒目。而曾经，我可以整夜与人谈笑，不知时间深浅，可以将整个身体猫在椅子里，一把纤腰，脊骨如鱼……原来，冥冥之中，岁月传递给我们的某些讯息，自己的身体，会第一个感知到。

这也是一种平凡。

在这世间，所有的绚烂，都将归于平凡。

也曾绝望挣扎，也曾无法自拔，也曾以为，生活给我的，都是掠夺，而多年后才明白，那些坎坷和动荡，也可以变成收获。

不是吗？在这世间，不能够摧毁你的，只会令你更加坚强。

很喜欢叶芝的那句话："一个人随着年龄的增长，梦想便不复轻盈。他开始用双手掂量生活，更看重果实而非花朵。"

平凡不是平庸。

平凡的方式有无数种，但所有的道路，都是通往内心的安然。

平凡是懂得克制和珍惜。

平凡是天黑后，有一盏等候你的灯。

平凡是握在手心里，刚刚好的踏实。

平凡是将内心的波澜，化作静水，流向生活的山川湖海。

平凡是知晓了世界没有那么甜，却也自有动人之处。

平凡是野花野草在自然和时间面前的岁岁荣枯；是一株树木归于静默的泥土，然后在朗朗乾坤下，生长根须，结出果实，投下绿荫的喜悦温和。

平凡是曾经的英雄梦想，烈焰三千，安然之后，刚好可以濯我手足耳目，煮我淡饭粗茶。

"时间无言，如此这般，明天已在……风吹过的，路依然远，你的故事讲到了哪？"

亲爱的朴树唱出了最后一句歌词后，声音随即遁入旋律之外。时间无言，如此这般，谁以一条遥远之路，默许山川无声？一首五分零一秒的歌，听了一遍又一遍，一直到隔世之远。

这时，孩子已熟睡，风扇咝咝作响，她在最后一个音符结束时翻了个身，然后嘟囔着嘴唇，用家乡话说了一句"觉觉"。

好吧，熄灯，摆正身体，让黑夜覆盖住我的肉身、年华，以及流过泪的瞳眸。盛夏的花香，如星光，悬浮在眉睫之上，而入梦之路，近在咫尺。

平凡还是，高兴就笑，感动就哭，倦了就睡觉。

你看，明天已在……

永远 ◁◂
站在温暖这一边

在遇到厌恶的言行时，在心里告诫自己，永远
永远不要成为那样的人。

有一本书出版时，我留了私人邮箱，后来断断续续有人
写邮件来，到现在为止，收到了一百多封——如果是纸质的，
应该可以装满一个抽屉了。

我有时会想象在某一个阳光大好的午后缓缓拉开抽屉的
情景，像有细碎清香的花，开满了心间。

这些邮件，大多是关于年轻的迷茫、困惑，关于情感与
生活，我每一封都会仔细地回复过去。

不过是举手之劳的帮助，一个链接，一声应答，或是一
段发自肺腑的言语。

但依然经常有人说："谢谢你，你真是个温暖的人。"

我隔着屏幕微笑，好像那刻的人生也得到了一个五星的

好评。"不客气，我理解那种在黑暗中独自摸索的心情。"

前几天，有刚进大学的女生写信来，倾诉她的委屈和痛苦，大意是因为家境不好，衣服落伍，长相不好，又不会打扮，常遭人挖苦取笑。

回信给她时，我想起小学的一个女同学。

因为不漂亮，成绩不好，家里穷，上课总是迟到……她就"理所当然"地成了小集体中最不受欢迎的人。

女孩子们不愿意跟她一起玩，男孩子们习惯了用小石子扔她，就连老师，也可以随便地体罚她——

迟到了就不准进教室，在门口蹲马步，蹲一次喊一次"下不为例"；

考试不及格，就让她把试卷贴在脑门上，围着操场跑十圈；

还有各种各样的讥讽和挖苦，"丑人多作怪"，"龙生龙，凤生凤，老鼠的孩子打地洞"，"你读书有什么用，简直是浪费钱"……

最初，她也会哭，哀哀地啜泣，但经历的次数多了，也就麻木了，不会哭，也不会抵触，眼神空洞着，好像朝里面一望，再也看不到她的心。

记得她在五年级的时候就退学了，因为家里没有钱供她上学。

她父亲早早过世，母亲改嫁，亲人只剩下奶奶一个。老人背驼得很厉害，在镇上集市摆了个小小的百货摊维持生计。

我见过她的奶奶，终年脸上身上都贴满了膏药，口里喋喋不休地念叨着，小孩子都怕她，也很少有大人敢买她的东西。

离开学校后，她早早地到镇上谋生。有时去米粉店给人做小工，有时去舞厅门口卖瓜子冰棒，声音怯怯的，冰棒常化掉。

有时，她也给奶奶看摊，低着头，依然不爱笑，性格逆来顺受，遇到昔日的同学，会很快地远远躲开。

后来在我上高中的时候，她就嫁人了，据说嫁给了隔壁村的一个二婚男人，对方大她十几岁……

"那男人待她好吗？"那时的我，竟不敢往下问。

时至今日，每次想起她时，脑海里最先浮现出来的，还是那幅场景：寒风刺骨的冬天，她脑门上贴着试卷，机械地奔跑在操场上，鞋子一只大一只小，脸上看不清表情，眼神空洞着，好像朝里面一望，再也看不到她的心……

那场景，是我童年记忆里无法拔除的一根刺。

疼痛之余，便也只能一遍又一遍地提醒自己，要尽量活得温情、良善，不去做恶意与冷漠的帮凶。

因为我知道，那些伤害，通常不是生活的贫穷，也不是身体的痛楚，而是讥讽和挖苦的言语，像车轮一样，对一颗心一次又一次无情地碾压。

而有些人，只是活着，就已经很努力。

记得曾经有一段时间，网上到处都有人攻击某位女明星，恶毒的言辞，偏激的思维，可谓无所不用其极。

我问一个身边的姑娘："你为何讨厌她？"

她回："因为我的同学都讨厌她啊！"

原来，这样的理由也可以成为理由，真是悲凉。

然而语言暴力每时每刻都在发生。

在网络上，文字可以成为最锋利的刀子，杀人于无形，大家轻松地将手指放在键盘上，就能磨刀霍霍，向着一个不会反抗的陌生人。

人云亦云，落井下石，推波助澜，煽风点火……他们其中一些人，没有思考，只有情绪，旁人一鼓动，就是一场暴力的狂欢，沉浸其中，尽情发泄。

选择温暖，比选择冷漠更难做到。

在生活中也一样。毒舌，刀子嘴，讥笑他人"玻璃心"，其实不过是因为，你不曾感同身受。

你自诩性情所致，却不知是修养尚缺。

对待亲人，有多少自以为是的"差评"，就有多少自私和不成熟；

对待朋友，多一些理解和包容，少一些指责和批判，温情的宽慰，总好过冰冷的刺痛和打击；

对待同事，远没有必要揪住一点小错误就讽刺、挖苦，将别人的自尊踩在脚下；

对待上门推销的人，用一个微笑的拒绝，替换满脸冰霜的鄙夷；

对待发放传单的人，不喜欢也不要当场就扔掉……

有一则小故事：

在茂密的山林里，一位樵夫救了只小熊。母熊对樵夫感激不尽。

有一天樵夫迷路借宿到熊窝，母熊安排他住宿，还以丰盛的晚餐款待了他。

翌日清晨，樵夫对母熊说："你招待得很好，但我唯一不喜欢的地方就是你身上的那股臭味。"

母熊心里快快不乐，但嘴上说："作为补偿，你用斧子捶我的头吧。"

樵夫按要求做了。

若干年后樵夫遇到母熊，问它头上的伤口好了吗？

母熊说："噢，痛了一阵后，伤口就愈合了，然后我就忘了。不过那次你说过的话，我一辈子也忘不了。"

有一句话形容语言："表达爱意的时候是如此无力，表达伤害的时候又是如此锋利。"世间最难愈合的，莫过于言语的伤害。轻则可以改变一份感情，重则可以摧毁一个人的灵魂。

若要优美的嘴唇，要讲亲切的话；
若要可爱的眼睛，要看到别人的好处；
若要苗条的身材，把你的食物分给饥饿的人；
若要美丽的头发，让小孩子一天抚摸一次你的头发；
若要优雅的姿态，走路要记住行人不止你一个。

——这是奥黛丽·赫本奉行的生活哲学。

这个世界的冷漠已经太多，如果可以，我希望自己在力所能及的范畴内，活得温暖。

在遇到厌恶的言行时，在心里告诫自己，永远永远不要成为那样的人。

为何很多人，用再好的衣服和化妆品装点，也镇不住那股戾气？

因为冷言恶行，伤人更伤己。

而内心传递出去的温情和善意，则会以各种各样的形式反哺给自身，譬如，你的气质，你的容颜，你的眼神，你的自我运气和人生格局。

在冷漠的世界里温暖地活着，也是我认可的一种成功。

▶▷ 身体和灵魂，
总有一个在路上

　　书读得越多，心灵就会越沉静，越谦卑，读到
一本好书，无异于结识一位良师益友。

　　钱海燕有一幅漫画，说的是读书之乐恰如男女之事：

　　夜晚最惬意；

　　多半在床上；

　　其中佳趣不足为外人道也。

　　细细一想，还真的是这样。不过，读书与男女之事的最大不同，是只需要一个人。

　　一个人，一本书，一个世界。

　　和"女人的衣柜里永远缺一件衣服"一样，我的书桌上，也永远缺一本书。

　　在"快节奏"的世界里，读书，是为自己创造的"慢生活"，也是触手可及的人间小欢愉。想着一本书跨越千山万

水来与我相见，更是一件浪漫的事情。

这些年，也读电子书，但还是喜欢纸质书。

忙完一天的事情躺在床上，安静地阅读一本喜爱的书，简直是人生的至高享受。

试想，一灯如豆，打开一本装帧精美的书，就像打开一件艺术品，也像打开一封作者写给读者的信，获得的是不可替代的"见字如面"般的隐秘快乐。

在浮动着墨香的空气中，只有轻微的鼻息，以及手指翻动书页的"哗啦"声响。指肚在心仪的字句上摩挲，心中万水千山，犹与故人相对，其中佳趣，自然是无言而美好。

有书可读的日子，都是美好的。

包括孩提时代的小人书，一个人捧着，蹲在墙根，就着一包酸梅粉，连同那些段落情节，都可以一小勺一小勺吃进肚子里，好多年也忘不掉。

少年时偏爱小说，看琼瑶，也看金庸、古龙，翻山越岭去租书，夜间一个人打着手电筒躲在被窝里看，天塌下来都不知道。

再大一些，心里有了青春的情愫，开始读那些颤颤袅袅的诗句。秋天的时候，把桂花夹在书里面，多年后打开，还能闻见心动的味道。

后来自己可以赚钱，又陆陆续续地买了很多书。渐渐发现，书读得越多，心灵就会越沉静，越谦卑，读到一本好书，无异于结识一位良师益友。

喜欢这一句话："要么读书，要么旅行，身体和灵魂，总有一个在路上。"读万卷书，行万里路，都是为了内心的沉淀。所以真的很感谢我读过的每一本书，在肉身不能远游的境况里，可以让我的灵魂骑在纸背上，漫步，流浪，行走，游荡……去发现这个世界上的更多可能。原来很多地方，和想象的不一样，原来自己的内心，也和想象的不一样。而正是这些不一样，会让自己找到人生的度量衡，然后变得越来越好。

想起曾给一位很爱书的朋友寄书，向她讨地址电话时，她很不客气：好啊好啊，要寄就寄我两本吧，一本放在书架上，不外借，不翻阅，好好珍藏；一本捧在手心里，遇到喜欢的句子，狠狠画线。

我一听，只觉她可爱非常。心想如果有一天她真能画到"破卷"的程度，那应该是对作者最大的褒奖了。

英国女作家伍尔夫在《普通读者》里说过一句话："读书，是为了自己高兴，而不是为了向别人传授知识，也不是为了纠正别人的看法。"

对于我这样的普通读者，书是心灵伴侣，也是日常所需。

如此刻，结束人仰马翻的一天，窝在床上，顿觉夜色慈悲，时光寂静，一卷在手，满心惬意。而从书架上取下一本书的过程，又感觉自己是一只躲在树洞里的松鼠，啃食着贮备已久的精神食粮，内心充满了富足。

　　于是低头一想，这往后的日子，还是得多读书——人活一世，不如高兴。

　　印度哲人克里希那穆提在书里写："你可曾一个人出去散步过？坐在一棵树下，不带书，没有伴侣，完全自己一个人，然后去观察落叶，听水波轻拍岸边的声音，听渔夫的歌声，观看鸟儿飞翔，以及你自己此起彼落在脑中追逐的思绪。如果你能够独处并且观察这些事，你就会发现惊人的丰富内涵。"

　　从前一个人的时候，常去河堤上散步，如一场微小的旅行。有时只是单纯地走路，什么也不带，什么都不做，无限放松身体，放空内心，漫无目的，让自己的双脚与土地安静地契合。

　　那样的时刻，你完全可以与天上的云，草地上的蚂蚱，路边的牛粪，土地上的一朵野花，挖沙船突突的马达声，河水轻轻拍岸的潮腥的气流……美好地相处，倾听自然和心灵的对话，脑海中的思绪，也随之温驯下来。

　　走山路的感觉尤其好。农村长大的人，对于山林和田野，总会多出几分本能的亲切。羊肠子一般的山路，铺满松针，脚踩在上面，软而滑，是一种特别奇妙的享受。山风籁籁，鸟鸣清幽，心静下来的样子，我猜测，应该像一枚松果，饱含山林和植物的芳香。

想起小时候，能光着脚走好远的山路，在山里可以像只兔子一样打滚。或许那个时候的无畏，也并非完全是年纪上的无知。靠山吃山，我们的父辈，在山边播种的，除了果木和五谷，还有一代又一代的勇敢和感恩。

即便是没有空出去，在小区的林荫道上走一走路，也是好的。跟时间无关，跟地点无关，对于我们的两条腿而言，走路，无疑是一种独具意义的尊重和赞美。

那么，走路的意义是什么？

我想，除却出发和抵达，很大一部分，应该是为了让身体更健康，也为了让内心更好地沉淀。当你对自然怀有柔软的心意时，就会被自然柔软地接纳。然后，在这些平静和柔软中，感觉到生命的美好和可贵。

愿你 ◁◂
勇敢做自己

你不知道，靠取悦他人来维持关系，其实是最低能的社交。

好好小姐那天就坐在我的身边，一脸黯然地跟我说起她到公司入职的小半年。倒不是工作上的事情有多艰难，而是在人际关系方面，她实在是觉得有些愁云惨淡。

比如，某天清晨，好好小姐走在上班的路上，同事A打来电话，让她带一碗"张记"的炒面。"一定要'张记'的啊，我那天排了好久的队才买到，不过那里离你家近啦……"A在电话里用甜美的声音嘱咐着。"好的好的。"她挂掉电话，发现已经走在了半路，于是又急忙折回去排队等候。

打包了炒面，好好小姐一路小跑赶到公司，同事A正优哉游哉地给自己抹护手霜。

这边笑嘻嘻地接过面，那厢的同事B又走过来了，"呀，听说你会修图，一会儿给我妹妹修几张照片呗，她要去参加一个比赛，现在谁的照片还不是修过的呀，那个，你懂的。"好好小姐微笑着，还没来得及答应，刚打开的邮箱，已经显示接收到照片，不过，不是几张，而是几十张。

"帮忙取一下文件吧，急着要的，不好意思。"同事 C 说。

"给我冲杯咖啡，不加糖，谢谢亲爱的。"同事 D 喊她。

"下午陪我一起去见客户好不好？给我壮壮胆儿。"新来的同事 E 在微信上拜托。

"过两天我要去开家长会，你记得帮我拟一份发言稿，写得让我有面子一些哈。"领导 F 交代。

"这个周末是我老婆的生日宴，大家一定要来哦。"午休时，领导 G 给大家派发请柬。

"好的好的，我马上"，"好的好的，不客气"，"好的好的，我陪你"，"好的好的，我明天就交给您"，"好的好的，我一定去"……

在公司一天，好好小姐忙得像个小磨儿，面带微笑，不好意思拒绝任何一份请求、要求、支配、安排……

她微胖的身影，在格子间，在各个楼层，被工作和工作之余的另外一种东西，不断地推动着。

下班回到家，饭碗还在桌上打转，好好小姐又赶紧打开电脑给同事 B 修照片，几十张照片修完，窗外已经是灯火阑珊。

夜间躺在床上，想翻几页书吧，但睡意很快就排山倒海地压过来了，只好作罢。

临睡前恍惚想起，周末的生日宴礼金，可不能随得太少，那么上次在某专卖店看中的那双靴子，就只能先放弃了……

好好小姐说："这样的一天，就是我最近的生活切片了。这是我毕业后的第一份工作，也是我的父母费力周旋得来的，说真的，我很珍惜，也很珍惜和同事之间的关系，只要是我能做到的，我都愿意去做；我做不到的，我都尽力去做，我不想看到失望的眼神，也害怕因为拒绝而被排斥。可是，这么久过去，我觉得越来越累，工作能力也没有提升，而且好像每天的生活都不是自己的了。"

可是亲爱的，不好意思拒绝别人，就只能狠心为难自己啊。

归根结底，不过还是因为你在畏惧——你畏惧被孤立，你畏惧与"失望""排斥""冲突"等负面情绪正面交锋，甚至畏惧失去这份工作。于是，你选择了逃避，选择了以取悦，无条件的取悦，来获取心里的安全感，以及工作环境中其乐融融的表象。你看起来友善又充沛，而事实上呢，你已经失去了自我，你负累着，纠结着，变得落寞又消极。

你不知道，靠取悦他人来维持关系，其实是最低能的社交。

另一位朋友周周，他在朋友圈里，也是出了名的好人。

"有事找周周"，如果公司有新同事到来，一定会有人那样对他说。在周周的生活词典里，"拒绝"两个字，已经在不知不觉中被舍弃了，转而将"热心"奉为了人生信条。但凡是自己能力之内的事，他都一一应承，且尽自己最大的努力，去做到完美。"快乐着你的快乐"，是他数年未变的QQ签名。

但是后来有一天，我发现他的签名变了，变成了"快乐着我的快乐"，于是笑着问他，为何？

周周说，因为一次醉酒后引发了一场大病，躺在医院的那些日子里，等各种各样的结果单，一颗心起起落落，最后沉下来时，倒是把很多事情都想通了，看淡了。这些年，他沉溺于"好人"的名声，确实获得了很多廉价的赞扬和快乐，但是，他也失去了很多东西，比如宝贵的时间，还有很多时间和金钱都换不来的健康。

比如下班后，只要朋友同事的一个电话，他就会立刻赶到他们的身边，无论是喝酒，唱歌，还是打球，他总是呼之即来又结账而去的那个人。好人嘛，买个单正常的。

好人嘛，吃点亏没什么……

可是，好人如果好到连明辨是非的能力都没有了，那就成了一个傻子。

真正的友情，不会有利用和支配，也不会有负累，更不是单方面的一味索取或一味付出，而是以心交心，你有情，我有义，是可以滋养人生的。

周周说，后来，他慢慢学会了说"不"，拒绝了很多邀请和要求。生活好像一下子就空出一个空间来，那里存放着满满的时间，可供自己支配的时间，他可以看喜欢的电影，听喜欢的音乐，陪伴自己喜欢的人。

自然，他周围的人际关系网，也很快重新洗牌了，他也确实被很多人排斥了。但是，有什么关系呢，他获得了一种新的快乐，也吸引到了真正走心的人。

时间是一面筛子，淘漉之后，沙金立现。

适当的拒绝，是一种勇气，更是一种智慧。

与其去迎合、取悦、讨好某个人某个圈子，不如让自己静下心来，把时间和精力花费在有价值的人和事物上。

不随便滥用那些珍贵得像钻石一样的好品质，比如善良、真诚和热忱。

不轻易捧出自己的真心，任由不值得的人来支配，他们不会好好珍惜，更糟糕的是，弄得自己连尊严也没有了。

　　努力工作，好好生活，交诚心可靠的朋友，做有兴趣的事，守住自己的底线，当自己的人格魅力和人生价值都达到一定程度的时候，当你身上自带光芒的时候，你就会发现，峰回路转，云开月明，一切都变得不同了。

　　快乐着我的快乐。

　　愿你余生的每一天，都是属于自己的。

生而为人，◁◂
不虚此行

　　在成年人的世界里，选择不想要什么，会比选择想要什么更艰难。

　　凌晨五点，窗外即将破晓，病房里尚有轻微的鼾声——父亲睡着了，他蜷缩在被子里，像个犟脾气的老小孩。一个星期前，他突发脑梗，一头栽进村里的水沟，然后就躺在了医院里。

　　此情此景，让我想起第一次父亲住院，那时正逢困顿，仿佛是站在无边的荆棘里，焦虑，迷茫，无助。在病床边，我给一位朋友打电话，感叹着"我不知道命运究竟还想给我什么"，难过到哽咽。

　　时隔多年，这一次，依然是面对那位朋友，但在说起父亲的病情时，我终于可以从容而体面地回答："别担心，我可以应对好一切。"

在医院的这些天，从重症监护室到普通病房，每天目睹生老病死，悲欢离合，心里却越来越平静，如深流之水，可以将生活的波澜安然接纳。

有时也会自问，是时间的力量吗？

这些年，确实改变了许多。朋友们视为"成熟"，而我更愿意称之为"成长"，在这个喧嚣又急切的世界里，我终于一步一步地长成了自己喜欢的样子。

蔡康永有一句话："时间没有魔法，时间只是拉开距离，让我们能由远处看看自己。因为远看，自己才能抽身成为旁观的人，因为抽身，苦乐才能变成身外的行李，一旦感觉背得很累，就放下了。"

是这样吧，当局者迷。也曾把生活中的坎坷和磨砺归咎为命运的安排，但时间过去，回首来时路，就会慢慢明白，芸芸世界，命运怎知你是谁？

你，才是自己的命运。

少年时不知天高地阔，心里总想着要拥有很多东西，改变世界，拯救地球，成为超级英雄，坐着摩托车风驰电掣地劈开老县城的车流和人群，觉得自己像一把刀，锋芒耀世，无往不利。

二十出头的年纪，被世界狠狠地打过耳光，也遭遇过无情的鄙夷。那时和很多年轻人一样，觉得被生活欺骗，被梦想遗弃，被苦痛蒙蔽，找不到未来的方向，并声称"我搞不懂这个世界"。

然而，你觉得自己苦，其实是还未经历真正的苦。

你感到绝望，不过是没有能力保全希望。

你不喜欢现在的生活，可是你没法选择。

在成年人的世界里，选择不想要什么，会比选择想要什么更艰难。

就像一把刀，有了鞘才能成为真正的器；一个人，看清自己也远比看清世界更重要。

你的生活，就是你的世界。

所以你不用想着去拯救地球，把自己的小日子过顺了，就帮了世界一个大忙。

在这本书里，除却自身情感和生活历程，我也写到了一些身边朋友的故事，她们有着不同的身份和年龄，却有着同样明亮坚韧的精神世界，就像暗夜里的珠光，带给我温润的感动和暖意，还有在尘世中披荆斩棘的力量。

希望你也一样。

世界很大，与你无关。

世界很小，而你刚好发光。

有一本书出版后，我收到了很多读者的来信。有人说："谢谢你，是你的文字让我看到了自己的光亮。"也有人说："希望有一天，我可以成为如你一般的人。"

在此之前，我从未想过自己的文字有一天会给陌生人带来勇气和温暖，一如不承想这样的力量会反哺给自身。

很欣慰，文字的意义，莫过于斯。

我知道，这些读者大多还是在校的学生，或是刚进入社会的年轻人，他们和我一样，都曾在茫茫黑暗中独自摸索，寻找光亮的方向。

但人生没有模本，也没有谁的生活值得另一个人去效仿。

之所以能够成为同类，是因为我们都不甘心就此黯淡无光，庸碌一生，让生命成为无望的生存，或是无趣的复制。

我们努力地工作，认真地生活，诚挚地面对这个世界，都是为了可以体面地应对障碍和困苦，安心地享受嘉奖和幸运。

为了成为一个独立的，让自己感到愉悦的人。

为了自己在老去时隔着时间旁观的那一刻，会觉得生命是一份闪闪发光的礼物，"想到故我今我同为一人并不使我难为情"。

> 如此幸福的一天。
>
> 雾一早就散了，我在花园里干活。
>
> 蜂鸟停在忍冬花上。

这世上没有一样东西我想占有。

我知道没有一个人值得我羡慕。

任何我曾遭受的不幸，我都已忘记。

想到故我今我同为一人并不使我难为情。

在我身上没有痛苦。

直起腰来，我望见蓝色的大海和帆影。

　　　　　——切斯瓦夫·米沃什《礼物》

愿生而为人，不虚此行。

愿所有美好，与你温柔相拥——拥抱所爱之人，之物，之余生。